草莓病虫害
监测与绿色防控

王华弟　戴德江　主编

中国农业科学技术出版社

图书在版编目（CIP）数据

草莓病虫害监测与绿色防控/王华弟，戴德江主编.——
北京：中国农业科学技术出版社，2020.5
ISBN 978-7-5116-2371-3

Ⅰ.①草… Ⅱ.①王… ②戴… Ⅲ.①草莓－病虫害
防治 Ⅳ.① S436.68

中国版本图书馆 CIP 数据核字（2020）第 055606 号

责任编辑　闫庆健
责任校对　马广洋

出 版 者	中国农业科学技术出版社
	北京市中关村南大街12号　邮编：100081
电　　话	(010)82106632(编辑室)　(010)82109704(发行部)
	(010)82109703(读者服务部)
传　　真	(010)82106625
网　　址	http://www.castp.cn
经 销 者	各地新华书店
印 刷 者	北京建宏印刷有限公司
开　　本	787mm×1 092mm　　1/16
印　　张	17.5
字　　数	302千字
版　　次	2020年5月第1版　2020年5月第1次印刷
定　　价	86.00元

━━◀ 版权所有·翻印必究 ▶━━

（本图书如有缺页、倒页、脱页等印刷质量问题，直接与承印厂联系调换）

《草莓病虫害监测与绿色防控》
编写人员

主　　编　王华弟　戴德江

副主编　赵帅锋　沈　颖

编写人员　（按姓氏笔画排序）

王华弟　孙加焱　刘亚慧　张传清

张志恒　张松柏　沈　颖　吴鉴艳

赵　颖　赵帅锋　柯汉云　胡选祥

胡剑锋　洪志慧　郭逸蓉　戴德江

内容提要

　　草莓以其果肉柔嫩多汁，色泽艳丽，甜酸适度，芳香浓郁，味道鲜美，营养丰富而深受城乡居民的喜爱，我国为世界第一大草莓生产国。草莓生产发展和食用安全，不仅涉及人民健康和生活质量，还关系到农民增收和美丽乡村建设。近年来，我国草莓产业快速发展，随着草莓种植面积的不断扩大，病虫发生为害也呈日益加重趋势，做好草莓病虫害监测与绿色防控，对于高效、安全、绿色、生态草莓生产具有重要意义。本书基于草莓病虫害调查测报协作、绿色防控技术研究、浙江省重大科技项目等的支持，由基层植保技术人员编写，总结了草莓病虫害监测与绿色防控长期实践经验，重点介绍草莓白粉病、灰霉病、炭疽病等30种主要病虫害的特征、生物学特性、发生规律、影响因子、监测预报方法和绿色防控技术，并附有草莓生产技术规范、草莓枯萎病菌等检疫鉴定技术规程等。全书约25万字，彩图60余幅，内容新颖、图文并茂，可供基层农业技术人员、植保专业合作组织、草莓种植大户等培训使用，也是农业技术人员和专业院校师生值得参阅的一本重要参考书籍。

第一章 概 述

第二章 草莓病害监测与绿色防控

第三章　草莓虫害监测与绿色防控

附 录

第一章 概　述

第一节　草莓生产现状

一、世界草莓产业发展概况

（一）世界草莓栽培面积和产量

草莓（*Fragaria ananassa* Duch）为蔷薇科（Rosaceac）草莓属（*Fragaria*），多年生宿根草本植物，以其果肉柔嫩多汁，色泽艳丽，甜酸适度，芳香浓郁，味道鲜美，营养丰富而受到世界各国人民的喜爱。近20年来，全球草莓产业发展速度迅猛，种植面积不断扩大，由2000年的31.4万 hm²（1hm²=15亩，1亩≈667m²。全书同）增长至2017年的40.3万 hm²（图1-1），面积增加了28.3％，全世界草莓种植产量约为878.3万 t（图1-2），在世界小浆果品类中，草莓的面积与产量均居于首位（雷家军等，2011；张志恒，2012）。

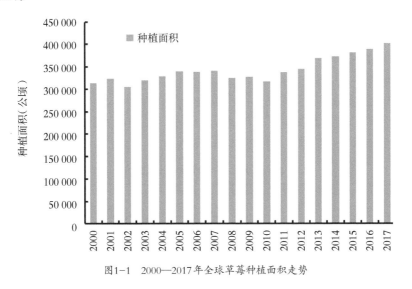

图1-1　2000—2017年全球草莓种植面积走势

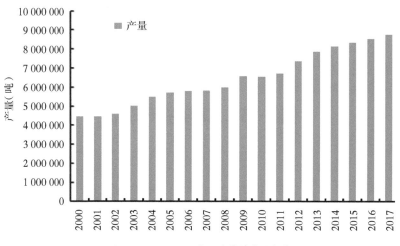

图1-2　2000—2017年全球草莓产量走势

在世界各大洲中，草莓主要产区是欧洲，其次是亚洲和美洲（表1-1）。欧洲草莓栽培面积最大，年均16.4万 hm²，占世界草莓栽种面积的47.7%，主要分布在波兰、俄罗斯、德国、西班牙、塞尔维亚、土耳其、意大利、法国等；亚洲草莓栽培面积年均12.6万 hm²，占世界栽种面积的36.4%，主产国为中国、日本、韩国；美洲草莓栽培面积年均4.2万 hm²，占世界栽种面积的12.0%，主产国有美国、加拿大和墨西哥；非洲和大洋洲栽种面积所占比例不足5%。全球共有62个国家生产草莓，栽培面积最大的国家是中国，其次为波兰、俄罗斯、美国、德国、土耳其、埃及、西班牙、韩国、墨西哥、日本等（杨振华，2012；高凤娟，1999）。从各大洲产量区域分布看（表1-2），产量最高的是亚洲，年均299.5万 t，占世界总产量的46.3%；其次是美洲和欧洲，分别占比25.1%和22.8%；非洲和大洋洲产量最少，占比不足6%。中国是世界草莓第一大生产国，草莓总产量排名第一，其次是美国、土耳其、西班牙。草莓单位面积产量最高的国家是美国，其次是摩洛哥、西班牙、墨西哥、日本、韩国、中国。

表1-1　2000—2017年全球草莓种植面积区域分布　　　（单位：hm²）

年份	非洲	美洲	亚洲	欧洲	大洋洲	总计
2000	6 427	36 345	96 426	173 904	1 084	314 186
2001	6 133	34 338	101 916	180 463	1 303	324 153
2002	5 108	35 877	108 068	155 624	1 297	305 974
2003	6 374	37 083	113 669	161 329	1 770	320 225
2004	7 537	38 314	115 463	166 795	1 219	329 328

（续表）

年份	非洲	美洲	亚洲	欧洲	大洋洲	总计
2005	7 951	37 749	116 705	177 006	1 084	340 495
2006	13 925	39 333	108 658	175 836	1 421	339 173
2007	18 909	39 159	112 567	169 362	1 456	341 453
2008	9 379	41 133	110 741	162 644	1 527	325 424
2009	10 004	41 908	114 951	159 985	1 440	328 288
2010	9 233	40 662	122 688	143 422	1 616	317 621
2011	9 158	41 783	128 901	155 963	2 443	338 248
2012	10 298	44 517	133 991	154 761	1 782	345 349
2013	10 662	45 949	145 433	165 505	2 157	369 706
2014	11 173	47 447	148 035	164 978	2 379	374 012
2015	12 589	49 695	153 841	163 687	2 729	382 541
2016	13 056	50 236	158 985	164 858	3 002	390 137
2017	14 217	52 047	168 412	164 354	3 548	402 578

表1-2　2000—2017年全球草莓产量区域分布　　　　（单位：t）

年份	非洲	美洲	亚洲	欧洲	大洋洲	总计
2000	194 458	1 114 183	1 763 098	1 375 634	21 272	4 468 645
2001	169 984	991 762	1 848 064	1 435 857	22 056	4 467 723
2002	142 795	1 121 591	2 041 312	1 283 211	26 678	4 615 587
2003	185 359	1 265 059	2 342 615	1 220 974	28 434	5 042 441
2004	225 954	1 306 077	2 504 596	1 431 790	25 081	5 493 498
2005	234 237	1 343 668	2 649 794	1 474 873	28 637	5 731 209
2006	253 634	1 429 223	2 548 921	1 542 731	31 406	5 805 915
2007	308 198	1 446 834	2 613 890	1 436 126	33 559	5 838 607
2008	346 161	1 535 022	2 599 332	1 484 006	29 806	5 994 327
2009	614 731	1 682 669	2 761 526	1 500 465	34 146	6 593 537
2010	395 593	1 708 722	2 999 667	1 429 286	34 605	6 567 873
2011	366 779	1 749 766	3 232 686	1 341 745	35 380	6 726 356
2012	399 452	1 965 842	3 558 589	1 423 447	34 806	7 382 136
2013	426 092	1 990 076	3 877 507	1 547 488	36 624	7 877 787
2014	441 980	2 058 556	3 991 964	1 614 360	42 807	8 149 667
2015	452 854	2 144 593	4 099 125	1 624 261	45 691	8 366 524
2016	465 261	2 188 631	4 161 684	1 673 514	48 573	8 537 663
2017	471 472	2 205 964	4 321 524	1 734 577	49 714	8 783 251

（二）各国主要栽培草莓品种

欧亚和美洲都是草莓起源地，欧洲最早于14世纪末栽培林丛莓，15—17世纪栽培短蔓莓、磨香莓，1714年荷兰从美洲引进智利莓、深红莓，在荷兰、法国等地形成众多的自然杂交种。后人们将智利莓与深红的杂交种定名为凤梨莓，即世界栽培种的诞生。2015年以后几乎所有国家和地区都有草莓生产。

世界各国十分重视草莓品种研究工作，各国都根据当地的生态条件、市场需求和栽培特点培育和筛选出了适宜的品种，在很大程度上做到了品种区域化，目前世界上已拥有草莓栽培品种2 000~3 000个（赵密珍等，2012；王桂霞等，2008）。美国是世界上培育草莓品种最多的国家，美国农业部培育的抗病品种被世界各国育种工作用作抗病亲本，在品种方面先后选育出了卡麦罗莎、常得乐、塞尔娃、温塔娜和阿尔比等。日本重视草莓品种的选育，育种重点是培育果实大、味甜、抗高温、丰产的四季结果品种，草莓主栽品种更新换代较快，20世纪90年代主栽品种为丰香、女峰，占全日本草莓栽培面积的80％以上，进入21世纪女峰和丰香的栽培面积大幅下降，章姬、幸香、甘玉、枥乙女、佐贺清香则成为目前日本草莓的主栽品种（胡美华，2002）。波兰极为重视选育适合的优良品种，尤其是耐冬季低温且成熟期不同的草莓品种，而且抗草莓叶斑病、褐斑病和黄萎病，目前波兰草莓生产上有10余个品种，主栽品种为森加拉、鲍拉等（张运涛，2005）。

（三）国际草莓贸易情况

据联合国粮农组织（FAO）统计资料，1981年草莓的国际贸易量为12.6万t，贸易额为2.12亿美元，平均价格为1 683美元/t；1992年分别增加到30.1万t和7.40亿美元，平均价格为2 458美元/t；2004年分别增加到69.6万t和12.80亿美元，平均价格为1 839美元/t；近年贸易量基本稳定，但由于单价提高，贸易额持续提高，国际贸易呈现出快速增长趋势。联合国数据中心统计显示，2016年全球鲜草莓（HS：081010）进出口贸易总额为49.51亿美元，较2015年的46.14亿美元增长7.3％。2016年全球鲜草莓（HS：081010）进口总额为26.25亿美元，较2015年增长8.42％；出口总额为23.26亿美元，较2015年下降6.05％。2012—2016年，美国是全球最大的鲜草莓（HS：081010）进口国，进口总额达20.52亿美元，排在第二位的是加拿大，进口总额为16.74亿美元，德国、法国、英国进口总额依次为13.34亿美元、10.44亿美元、10.38亿美元。2012—2016年，西班牙是全球最大的鲜草莓（HS：081010）出口国，出口总额达31.86亿美元，排在第二位的是美国，出口总额为22.47亿美元，荷兰、墨西哥、比利时出口总额依次为16.53亿美元、11.96亿美元、8.50亿美元。

二、我国草莓生产发展概况

（一）我国草莓种植情况

我国是世界草莓属植物种类分布最多的国家，2016年草莓种植面积达13.3万 hm^2，年产量约200万 t，产值约300亿元。根据全国草莓产业协会统计，2007年以后，无论种植面积还是产量，中国都已成为世界最大的草莓生产国（雷家军等，2011）。中国草莓产业整体发展比较快速，1985年，全国草莓种植面积仅有0.33万 hm^2，占当年世界草莓面积的1.67%。1995年增加到3.67万 hm^2，占世界的13.53%。2001年增加到5.03万 hm^2，占16.48%，产量107.6万 t，占25.04%。2005年增加到8.43万 hm^2，占24.69%，产量195.7万 t，占34.8%。到了2012年，全国草莓种植面积达到了11.49万 hm^2，2016年增至13.3万 hm^2。中国的草莓产地主要分布在辽宁、河北、山东、江苏、安徽等东部沿海地区，5省草莓种植面积合计约为全国总草莓种植面积的50%，其中辽宁丹东、安徽丰县、河北保定、山东烟台等市县都以大面积的草莓种植而闻名。

（二）我国草莓栽培品种

我国栽培草莓品种大多引自国外，国产草莓品种的市场占有率低。20世纪80—90年代，我国主要栽培品种均从美、日和欧洲草莓种植大国引进，本土原有品种很少，美国全明星、荷兰戈雷拉、西班牙弗吉尼亚、日本丰香、静宝、宝交早生等，都有引进种植（王桂霞等，2008）。

我国对草莓品种选育和推广十分重视，1981年我国建立了国家果树草莓种质资源圃，加大了草莓品种的选育，先后选育出了约50个草莓品种，如沈阳农业大学育成了绿色种子、大四季、沈农101、沈农102、明晶、明旭、秀丽、粉佳人等品种；江苏省农业科学院选育了紫晶、金红玛、五月香、硕丰、宁丰等品种；北京市农林科学院选育出了星都1号、天香、燕香、冬香等品种；河北省农林科学院石家庄果树研究所选育出了新明星、石莓1号、春星、新红光等品种；浙江省农业科学院选育出了悦秀、悦珠等；上海市农业科学院选育出了申旭1号、申旭2号、久香等品种。

目前，我国草莓保护地栽培品种以丰香、红颊、甜查理、全明星、达赛莱克特、卡姆罗莎、章姬、明宝、玛丽亚、幸香为主，露地栽培品种以哈尼、森加拉、达赛莱克特等为主。

三、浙江省草莓生产发展状况

（一）草莓产业快速发展

浙江省地处我国东南沿海，气候温暖湿润，有利于草莓等高附加值的农业产业快速发展，目前全省草莓种植面积6 700多 hm²，年产量10多万t，产值10亿元以上。草莓主产区在建德、临海、奉化、诸暨、上虞、嘉善、慈溪、兰溪、苍南、金华、衢州、富阳、长兴、乐清、吴兴等地，全省草莓种植66.7hm²以上的县（市、区）见图1-3。据建德、临海等草莓主产区调查，一般单产可达2 700~3 300kg/亩，亩产值一般3万~4万元，高的可达5万多元，成为当地农民致富的主导产业，建德草莓在国内有较高知名度，其先进科学的栽培技术不仅在当地推广，而且辐射带动全国，成为建德特色效益农业的一张金名片。

（二）草莓主栽品种

目前浙江省栽培的草莓主要品种有红颊、章姬、丰香、阿玛奥、颊丰、佼姬等，其中红颊品种占全省种植面积的70％，高于全国平均水平。

建德市是浙江省草莓种植的最主要产区，20世纪80年代从日本引进的草莓品种"丰香"，品质和产量俱佳，成熟期也很早，香味浓郁，适宜进行大棚种植。配上毛竹塑料大棚栽培技术，6个月采收期，亩产量提高到1 500kg，效益是露地栽培的15倍。技术成熟后，周边农户开始大规模种植草莓并发家致富。进入21世纪以来，随着草莓脱毒组培繁育技术的应用，建德市筛选出适宜大棚栽培的"章姬""红颊"等优良品种，"红颊"的亩产比普通"丰香"草莓高80kg左右，增产10％以上，单果较丰香重16.97％（表1-3），果实软硬适中，果肉嫩滑，耐贮运性好，促进了草莓效益提升和产业的发展。

红色表示666.7hm²以上；橙色333.3～666.7hm²；

蓝色200～333.3hm²；绿色133.3～200hm²；黄色66.7～133.3hm²

图1-3　浙江省草莓种植66.7hm²以上主栽区示意

表1-3　"红颊"与"丰香"草莓硬度及营养成分比较

品种	平均单果重（g）	硬度（g）	水分（%）	可溶性固形物（%）	可滴定酸（%）	可溶性糖（mg/g）	VC（mg/g）
红颊	19.16±5.74	311.33±53.60	89.40±1.12	11.83±0.78	0.80±0.10	89.93±10.49	1.26±0.15
丰香	16.38±4.84	228.71±31.16	89.55±1.05	11.02±0.42	0.78±0.11	82.13±7.12	1.14±0.14

注：姜慧燕等，2013

（三）草莓栽培技术

20世纪90年代以前，浙江省草莓栽培采用露地栽培，形式较为单一。随着技术进步和生产发展，近年来保护地栽培开始逐步代替传统露地栽培，同时也发展出较为丰富的栽培设施类型，地膜覆盖和小拱棚设施较为简便，中棚、大棚等较为经济实用，也有比较现代化的全钢架结构大拱棚（图1-4）和现代日光温室、联栋玻璃智能温室等。设施栽培中，应用较为广泛的增产增效技术有：营养生长期间喷施植物生长调节剂、棚内放养蜜蜂授粉（图1-5）、工厂化育苗、阴雨天气加温与补光、膜下滴灌水肥一体化设备、病虫绿色防控技术、草莓无公害生产技术、草莓苗脱毒繁育技术等。

图1-4　草莓的大棚设施栽培

图1-5　草莓放蜂授粉

第二节 草莓病虫害与绿色防控

我国地域广阔，自然资源种类丰富，气候温暖湿润，有利于草莓栽培，也有利于病虫害滋生、蔓延和为害，病虫发生种类多、为害重，是影响草莓丰产和质量安全的主要因素。

一、草莓病虫害

（一）草莓病害

近年来，随着我国设施草莓栽培面积扩大，大棚草莓容易出现湿度大、光照不足和通风不良等问题，为草莓病害的发生提供了有利条件，草莓上发生病害种类多，为害普遍而严重。据调查，我国草莓上发生的病害有35种（表1-4），其中真菌性病害21种，细菌性病害2种，病毒性病害5种，根结线虫病1种和生理性病害6种。浙江草莓上发生的病害有29种。草莓白粉病、灰霉病和炭疽病为草莓主要病害，如浙江省建德市植保站1985—2018年调查，20世纪80—90年代初期，草莓白粉病、灰霉病发生较轻，90年代中期以来，发病一直较重，草莓叶（柄）发病率为1.03%～47.65%，病情指数为0.13～23.46，果实发病率为0.30%～15.39%，病情指数为0.18～4.02，为害损失率为0.56%～15.81%，草莓炭疽病叶柄与匍匐茎发病率为0.19%～38.57%，病情指数为1.01～17.48，为害损失率为1.06%～38.28%，这三种病害为草莓病害监测和防控主要对象。草莓枯萎病、黄萎病、焦斑病、白绢病、轮斑病、蛇眼病、角斑病、黑斑病、褐斑病、"V"形褐斑病、菌核病、根腐病、红中柱根腐病、芽枯病、黏菌病、疫霉果腐病、丝核菌果腐病、烂果病、青枯病、细菌性叶斑病、斑驳病毒（SMoV）、轻型黄边病毒（SMYEV）、镶脉病毒（SVBV）、皱缩病毒（SCrV）、丛枝病毒（SWB）、根结线虫病等在局部地区草莓或零星发生为害。

表1-4 我国草莓病害种类与发生为害程度

序号	病害种类	类型	发生分布	为害部位	为害程度
1	草莓炭疽病	真菌	普遍	叶片、茎	+++
2	草莓灰霉病	真菌	普遍	叶片、茎、果实	+++
3	草莓白粉病	真菌	普遍	叶片、茎、果实	+++
4	草莓枯萎病	真菌	局部	全株发病，枯（黄）死	+
5	草莓黄萎病	真菌	局部	全株发病，枯死	+
6	草莓焦斑病	真菌	局部	叶片	+
7	草莓白绢病	真菌	局部	茎基部	+
8	草莓轮斑病	真菌	零星	叶片、叶柄	+
9	草莓蛇眼病	真菌	零星	叶片	+
10	草莓角斑病	真菌	零星	叶片	+
11	草莓黑斑病	真菌	局部	叶片、叶柄、果实	+
12	草莓褐斑病	真菌	局部	叶片	+
13	草莓"V"形褐斑病	真菌	零星	叶片	+
14	草莓菌核病	真菌	局部	根	+
15	草莓根腐病	真菌	局部	根	+
16	草莓红中柱根腐病	真菌	局部	根	+
17	草莓芽枯病	真菌	局部	茎、叶	+
18	草莓黏菌病	真菌	局部	叶、茎	+
19	草莓疫霉果腐病	真菌	局部	根、果实	+
20	草莓丝核菌果腐病	真菌	局部	果实	+
21	草莓烂果病	真菌	局部	果实	+
22	草莓青枯病	细菌	零星	全株发病，枯死	+
23	草莓细菌性叶斑病	细菌	零星	叶片、叶柄、茎	+
24	草莓斑驳病毒（SMoV）	病毒	局部	全株发病	+
25	草莓轻型黄边病毒（SMYEV）	病毒	零星	全株发病	+
26	草莓镶脉病毒（SVBV）	病毒	零星	全株发病	+
27	草莓皱缩病毒（SCrV）	病毒	局部	全株发病	+
28	草莓丛枝病毒（SWB）	病毒	局部	全株发病	+
29	草莓根结线虫病	线虫	局部	根	+
30	草莓生理性白化叶	生理性	局部	叶片	+
31	草莓高温日灼病	生理性	局部	叶片	+
32	草莓畸形果	生理性	零星	果实	+
33	草莓乱形果	生理性	零星	果实	+
34	草莓生理性缺素症	生理性	零星	叶片、茎、根	+
35	草莓冻害	生理性	零星	叶、花、果	+

+++为严重发生，++为中等程度发生，+为轻发生

（二）草莓虫害

随着草莓种植地区的不断增加，面积的不断扩大，肥水管理水平提高，冬季气温变暖等的影响，草莓虫害的发生为害也呈逐年加重趋势。据调查，我国草莓上发生的害虫种类有66种（表1-5），隶属9目30科。浙江省草莓上发生的害虫种类有57种，隶属9目27科。草莓上发生普遍而严重的害虫有斜纹夜蛾、蚜虫、叶螨、烟粉虱、蓟马等，据浙江省建德市植保站1985—2018年的田间调查监测，草莓斜纹夜蛾20世纪80—90年代发生较轻，进入21世纪后，发生为害明显加重，2005年、2010年、2013年和2016年达到中等偏重至大发生，草莓单株平均虫口密度达0.13~9.68头，为害株率为0.89%~15.49%；草莓蚜虫、红蜘蛛偏重发生，单株草莓蚜虫平均虫口密度为2.07~29.95头，为害株率为0.26%~26.06%，单株草莓红蜘蛛平均虫口密度为1.03~38.31头，为害株率为0.14%~20.26%，为草莓虫害监测和防控主要对象。梨剑纹夜蛾、银纹夜蛾、小地老虎、黏虫、丽木冬夜蛾、红棕灰夜蛾、尺蠖、棉褐带卷蛾、双斜卷蛾、草莓镰翅小卷蛾、大蓑蛾、肾毒蛾、乌桕黄毒蛾、茸毒蛾、小白纹毒蛾、角斑毒蛾、花弄蝶、黑星麦蛾、草莓根蚜、大青叶蝉、桃一点叶蝉、小绿叶蝉、二斑叶蝉、斑衣叶蝉、截形叶螨、土耳其斯坦叶螨、茶黄螨、白粉虱、点蜂缘蝽、麻皮蝽、茶翅蝽、牧草盲蝽象、短额负蝗、笨蝗、短星翅蝗、大垫尖翅蝗、华北蝼蛄、东方蝼蛄、黄翅三节叶蜂、小家蚁、铜绿丽金龟、苹毛金龟、黑绒金龟、小青花金龟、斑青花金龟、褐背小黄叶甲、同型巴蜗牛、灰巴蜗牛、薄球蜗牛、非洲大蜗牛、野蛞蝓、网纹蛞蝓、黄蛞蝓等在局部地区或零星发生为害。

表1-5　我国草莓害虫种类与发生为害程度

序号	害虫种名	分类地位	发生分布	为害部位	为害程度
1	斜纹夜蛾	鳞翅目夜蛾科	普遍	叶片	+++
2	梨剑纹夜蛾	鳞翅目夜蛾科	局部	叶片	+
3	银纹夜蛾	鳞翅目夜蛾科	局部	叶片	+
4	小地老虎	鳞翅目夜蛾科	局部	根、幼芽	+
5	黏虫	鳞翅目夜蛾科	局部	叶片	+
6	丽木冬夜蛾	鳞翅目夜蛾科	局部	叶片、嫩芽	+
7	红棕灰夜蛾	鳞翅目夜蛾科	局部	叶片、嫩芽	+
8	尺蠖	鳞翅目尺蛾科	局部	叶片	+
9	棉褐带卷蛾	鳞翅目卷蛾科	局部	叶片	+

（续表）

序号	害虫种名	分类地位	发生分布	为害部位	为害程度
10	棉双斜卷蛾	鳞翅目卷蛾科	局部	叶片	+
11	草莓镰翅小卷蛾	鳞翅目卷蛾科	局部	叶片	+
12	大蓑蛾	鳞翅目蓑蛾科	局部	叶片	+
13	肾毒蛾	鳞翅目毒蛾科	局部	叶片	+
14	乌桕黄毒蛾	鳞翅目毒蛾科	零星	叶片	+
15	茸毒蛾	鳞翅目毒蛾科	局部	叶片	+
16	小白纹毒蛾	鳞翅目毒蛾科	局部	叶片	+
17	角斑毒蛾	鳞翅目毒蛾科	局部	叶片	+
18	花弄蝶	鳞翅目弄蝶科	局部	叶片	+
19	黑星麦蛾	鳞翅目麦蛾科	零星	叶片	+
20	桃蚜	同翅目蚜科	普遍	叶片、花	+++
21	棉蚜	同翅目蚜科	局部	叶片、花	+
22	马铃薯长管蚜	同翅目蚜科	局部	叶片、花	+
23	草莓根蚜	同翅目蚜科	局部	叶片、花	+
24	萝卜蚜	同翅目蚜科	局部	叶片、花	+
25	瓜蚜	同翅目蚜科	局部	叶片、嫩梢、花	+
26	大青叶蝉	同翅目叶蝉科	局部	叶片	+
27	桃一点叶蝉	同翅目叶蝉科	局部	叶片	+
28	小绿叶蝉	同翅目叶蝉科	局部	叶片	+
29	二斑叶蝉	同翅目叶蝉科	局部	叶片	+
30	斑衣叶蝉	同翅目蜡蝉科	局部	叶片	+
31	朱砂叶螨	蜱螨目叶螨科	普遍	叶片	+++
32	二斑叶螨	蜱螨目叶螨科	普遍	叶片	+++
33	截形叶螨	蜱螨目叶螨科	普遍	叶片	+++
34	神泽叶螨	蜱螨目叶螨科	普遍	叶片	+++
35	土耳其斯坦叶螨	蜱螨目叶螨科	普遍	叶片	+
36	茶黄螨	蜱螨目跗线螨科	普遍	叶片	+++
37	棕榈蓟马	缨翅目蓟马科	普遍	叶片	+++
38	花蓟马	缨翅目蓟马科	局部	叶片	+
39	西花蓟马	缨翅目蓟马科	局部	叶片	+
40	烟粉虱	半翅目粉虱科	普遍	叶片、茎	+++
41	白粉虱	半翅目粉虱科	普遍	叶片、茎	++
42	点蜂缘蝽	半翅目缘蝽科	局部	叶片	+
43	麻皮蝽	半翅目蝽科	局部	嫩梢、叶片	+
44	茶翅蝽	半翅目蝽科	局部	嫩梢、叶片	+
45	牧草盲蝽象	半翅目盲蝽科	局部	嫩梢、叶片	+
46	短额负蝗	直翅目蝗科	局部	叶片	+

（续表）

序号	害虫种名	分类地位	发生分布	为害部位	为害程度
47	笨蝗	直翅目蝗科	局部	叶片	+
48	短星翅蝗	直翅目斑腿蝗科	局部	叶片	+
49	大垫尖翅蝗	直翅目斑翅蝗科	零星	叶片	+
50	华北蝼蛄	直翅目蝼蛄科	局部	根、幼芽	+
51	东方蝼蛄	直翅目蝼蛄科	局部	根、幼芽	+
52	黄翅三节叶蜂	膜翅目三节叶蜂科	局部	叶片	+
53	小家蚁	膜翅目蚁科	局部	果实	+
54	铜绿丽金龟	鞘翅目丽金龟科	局部	根、幼芽	+
55	苹毛金龟	鞘翅目丽金龟科	零星	根、幼芽	+
56	黑绒金龟	鞘翅目鳃金龟科	零星	根、幼芽	+
57	小青花金龟	鞘翅目花金龟科	零星	根、幼芽	++
58	斑青花金龟	鞘翅目花金龟科	零星	根、幼芽	+
59	褐背小黄叶甲	鞘翅目叶甲科	局部	叶片、花蕾	+
60	同型巴蜗牛	柄眼目巴蜗牛科	零星	根、幼芽	+
61	灰巴蜗牛	柄眼目巴蜗牛科	零星	根、幼芽	+
62	薄球蜗牛	柄眼目蜗牛科	零星	根、幼芽	+
63	非洲大蜗牛	柄眼目玛瑙螺科	零星	根、幼芽	+
64	野蛞蝓	柄眼目蛞蝓科	零星	根、幼芽	+
65	网纹蛞蝓	柄眼目蛞蝓科	零星	根、幼芽	+
66	黄蛞蝓	柄眼目蛞蝓科	零星	根、幼芽	+

注：+++为严重发生，++为中等程度发生，+为轻发生

二、草莓病虫害绿色防控

草莓病虫害的绿色防控，是指采取生态调控、生物防治、物理防治和安全用药等环境友好型措施控制草莓病虫害植物保护措施，绿色防控是综合防治的新体现。

（一）生态调控

1.栽种丰产优质抗病品种

草莓品种的选择，综合考虑丰产、优质、安全，应把对当地主要病害的抗性作为重要指标。草莓不同品种间抗病性相差较大，欧美品系属于硬果型，抗病性较强，日系品种属于软果型，较容易感病。抗病性强弱对草莓口感也有较大影响，一般抗病性强的品种口感较差，抗病性弱的品种较

为鲜甜。所以在品种选择上应综合考虑选用优质、丰产、抗病性较强的品种，目前各地栽培的草莓主要品种有红颊、章姬、丰香、阿玛奥、颊丰、佼姬等（图1-6）。要严格管理育苗环境条件，培育无病壮苗，从源头降低发病率。

图1-6　浙江省草莓栽培的主要品种

2.科学栽培管理

首先是合理轮作，提倡进行草莓与水稻水旱轮作，或与其他非病害的寄主植物轮作，减少连作障碍，有效减轻草莓灰霉病、白粉病等病害的发生。其次是栽培管理。草莓属于须根作物，根系集中分布在土壤表层，应选在通风透光良好、排灌方便、地势较高的田块栽培，筑深沟高畦，适当控制栽种密度，严格进行定植和疏叶疏花活动，促进草莓良性生长。三是肥水管理和生态调控。科学施肥，有效控制氮磷钾比例，增施有机肥。在夏季高温做好闷棚消毒处理，对消灭土壤中的病原菌具有较好效果。

（二）物理防治

1.黄板诱杀

黄板（即黄色粘虫板）诱杀蚜虫、烟粉虱、蓟马等小型害虫（图1-7），方便实用，成本低廉，是物理防治的有效手段。将黄板悬挂在草莓温室、大棚风口、走道和行间，高度比植株稍高，太高或太低效果均较差。为保证黄板的黏着性，需1周左右重新涂一次，或当板上粘满害虫时再涂一层油。在生产上用于害虫

图1-7 黄板诱杀

防治一般可每隔5~6m悬挂一块黄板。黄板的另一个主要用途是用作监测害虫的发生动态。

2.防虫网

防虫网防虫原理简单实用，是物理防控害虫的一大有效措施。防虫网（图1-8）使用时必须全期覆盖，网的四周用砖或土压严实，不给害虫入侵机会，才能达到满意的防虫效果。要选择适宜的规格，一般以22~24目为宜。同时要妥善使用和保管，以延长使用寿命。

3.灯光诱杀

图1-8 防虫网

灯光诱杀害虫（图1-9）是利用害虫的趋光性诱杀害虫的一种防治方法，其优点有：一是操作简便，省工省本，并能有效地杀死害虫；二是

对人畜安全；三是诱捕到的害虫没有受农药污染，含有高蛋白和鱼类生长发育所必需的微量元素，可作为养殖鱼类的优质天然饲料。目前，草莓生产上使用较多的是频振式杀虫灯，适宜在连片面积较大的地方使用，控制面积可达 $2\sim4hm^2$，可有效降低害虫的发生基数，也可根据实际情况，选择安装使用价格更为低廉的白炽灯、黑光灯等进行诱杀害虫。

图1-9　灯光诱杀

（三）生物防治

1.释放天敌

利用释放天敌防治草莓害虫已经成熟的技术有：

丽蚜小蜂防治粉虱。丽蚜小蜂属于蚜小蜂科，恩蚜小蜂属，是多种粉虱害虫的重要天敌，在草莓生产上可用于防治烟粉虱和温室白粉虱。丽蚜小蜂在我国已经大规模生产，并制成蜂卡销售。用黄板等监测草莓园中的粉虱，在粉虱发生初期及时释放丽蚜小蜂。释放时只需将蜂卡悬挂在草莓植株的顶部即可。丽蚜小蜂的飞行能力比较小，需要在大棚中均匀地悬挂蜂卡。一般每次使用2万～3万头/hm²，隔7～10天释放一次，连续释放5～6次。

捕食螨防治螨类害虫（图1-10）。草莓上的螨类害虫主要有二斑叶螨、朱砂叶螨、茶黄螨、截形叶螨等。防治这些草莓害螨有多种的捕食螨可利用，可采取以螨治螨的方法，其中国内已可大规模繁殖的有胡瓜钝绥螨等。胡瓜钝绥螨的食性相对较广，除捕食害螨外，还可捕食蓟马等害虫，捕食量也较大，一天能捕食6～10头，一生的捕食量可达300～500头。捕食螨的释放，在害螨虫口显著上升的初期，密度尚较低时释放，将袋装捕食螨的离纸袋一端2～3cm处撕开深2～3cm的口子，挂于草莓植株上，或将带有捕食螨的叶片撒放在草莓植株上。

图1-10　释放捕食螨

2. 昆虫性引诱剂诱杀

昆虫性引诱剂是指人工合成的昆虫性信息素或类似物，简称性诱剂。利用性诱剂干扰昆虫交尾或群体诱杀，从而达到控制害虫的目的。针对草莓上的斜纹夜蛾（图1-11）和小地老虎等害虫，开发了专门的性诱剂和诱捕器，把诱捕器固定在木棒上，或者安置于草莓生产园或苗圃内，用细铅丝将含有性诱剂的诱芯固定在

图1-11　性诱剂诱杀

诱捕器的上端。一般在使用4~6周后，及时更换诱芯，以提高防治效果。

3. 生物农药防治

枯草芽孢杆菌防治草莓灰霉病和白粉病。枯草芽孢杆菌对草莓白粉病和灰霉病具有良好的控制效果。在草莓白粉病和灰霉病发病初期，将枯草芽孢杆菌稀释液均匀喷至植株各部位。

苏云金杆菌防治斜纹夜蛾等害虫。苏云金杆菌有50多个变种，是微生物农药应用较为广泛的一类。苏云金杆菌制剂对草莓上的斜纹夜蛾等具有良好防效，且施用方便，在斜纹夜蛾卵孵盛期，选用苏云金杆菌喷雾防治，每次间隔6~7天，连续防治2~3次。

（四）安全用药

1. 农药合理使用

（1）法律法规。我国农药使用已经有了明确的法律基础。《中华人民共和国农产品质量安全法》第二十五条规定，农产品生产者应当按照法律、行政法规和国务院农业行政主管部门的规定，合理使用农业投入品，严格执行农业投入品使用安全间隔期或者休药期的规定，防止危及农产品质量安全。禁止在农产品生产过程中使用国家明令禁止使用的农业投入品。2017年2月修订的《中华人民共和国农药管理条例》第三十三条、三十四条规定，农药使用者应当遵守国家有关农药安全合理使用制度，严格按照农药的标签标注的使用范围、使用方法和剂量使用技术要求和注意事项施用农药，不得扩大使用范围，不得使用禁用的农药。

（2）规范标准。主要有农药合理使用准则（GB/T 8321）、农药安全使用标准（GB 4285）、绿色食品农药使用准则（NY/T 393）、无公害食品草莓生产技术规程（NY/T 5105）等。

2. 农药科学使用

（1）加强草莓病虫害预测预报，科学指导防治。草莓病虫害调查是实施防治的基础。要加强草莓病虫监测调查，开展预测预报，根据病虫防治指标，适时开展用药防治。在防治时应抓住害虫卵孵或低龄幼虫盛发期和病害初发生期防治，做到防早、防小，预防和控制相结合，以有效控制病虫发生为害。

（2）选择安全高效的药剂。农药的品种很多，作用不一，应按照农药合理使用准则的要求，科学选用农药。草莓是特色小品种作物，农药在草莓上获得使用登记的种类少，要依法依规用药（图1-12）。根据草莓病虫发生和药剂登记情况，防治草莓灰霉病可选用唑醚·啶酰菌、嘧霉胺、枯草芽孢杆菌等；防治草莓白粉病可选用醚菌·啶酰菌、粉唑醇、醚菌酯等；防治草莓炭疽病可选用戊唑醇等；防治斜纹夜蛾可选用甲氨基阿维菌素苯甲酸盐等；防治红蜘蛛可选用联苯肼酯等；防治蚜虫可选用苦参碱等。防治草莓主要病虫害的登记农药（表1-6、1-7、1-8、1-9）。要注意农药的交替轮换使用，防止产生抗药性。

图1-12 化学药剂防治

表1-6 防治草莓白粉病的登记农药

农药名称及含量剂型	制剂使用剂量	每生长季节最多施用次数（次）	安全间隔期（d）
30%醚菌酯可湿性粉剂	30～45g/亩	2	5
12.5%四氟醚唑水乳剂	21～27mL/亩	2	5
30%氟菌唑可湿性粉剂	15～20g/亩	3	5
25%粉唑醇悬浮剂	20～40g/亩	3	7
25%戊菌唑水乳剂	7～10mL/亩	3	5
20%吡唑醚菌酯水分散粒剂	38～50g/亩		
38%唑醚·啶酰菌悬浮剂	30～40mL/亩		
2 000亿孢子/克枯草芽孢杆菌可湿性粉剂	20～30g/亩		

表1-7 防治草莓灰霉病的登记农药

农药名称及含量剂型	制剂使用剂量	每生长季节最多施用次数（次）	安全间隔期（d）
氟菌·肟菌酯43%悬浮剂	20～30mL/亩	2	5
唑醚·氟酰胺42.4%悬浮剂	20～30mL/亩	3	7
唑醚·啶酰菌38%悬浮剂	40～60g/亩	2	7
抑霉·咯菌腈25%悬乳剂	1 200～1 500倍液	3	3
多抗霉素16%可溶粒剂	20～25g/亩	3	14
啶酰菌胺50%水分散粒剂	30～45g/亩	3	7
吡唑醚菌酯50%水分散粒剂	15～25g/亩	3	5
嘧霉胺400克/升悬浮剂	45～60mL/亩	2	5
克菌丹80%水分散粒剂	600～1 000倍液	3	3
枯草芽孢杆菌1 000亿孢子/克可湿性粉剂	40～60g/亩		

表1-8 防治草莓炭疽病的登记农药

农药名称及含量剂型	制剂使用剂量	每生长季节最多施用次数（次）	安全间隔期（d）
325克/升苯甲·嘧菌酯悬浮剂	40～50mL/亩	3	7
25%嘧菌酯悬浮剂	40～60mL/亩	3	7
25%戊唑醇水乳剂	20～28mL/亩	3	5
250克/升苯醚甲环唑乳油	1 500～2 000倍液		

表1-9 防治草莓斜纹夜蛾、蚜虫、叶螨的登记农药

防治对象	农药名称及含量剂型	制剂使用剂量	每生长季节最多施用次数（次）	安全间隔期（d）
斜纹夜蛾	5%甲氨基阿维菌素苯甲酸盐水分散粒剂	3～4g/亩	2	7
蚜虫	2%苦参碱水剂	30～40mL/亩		
	10%吡虫啉可湿性粉剂	20～25g/亩	2	5
叶螨	43%联苯肼酯悬浮剂	10～25mL/亩	2	1

（3）掌握正确的施药方法。农药的施用方法应根据草莓病虫草害的为害方式、发生部位、设施条件和农药的特殊性等来选择。一般来说，在作物地上部表面为害的病虫害，如草莓灰霉病、白粉病等，可采用喷雾、喷粉等方法，有大棚等保护设施的，也可采用熏烟的方法，对土壤传播的病虫害，如草莓枯萎病、黄萎病等，可采用土壤处理的方法。对通过种苗传播的病虫害，可采用种苗处理的方法等。

（4）注意用药安全间隔期。控制农药的使用次数和安全间隔期，是实现农药合理使用的一个重要环节。要根据农药合理使用准则、农药标签和使用说明书，在每季作物上的最多使用次数和安全间隔期（即采收距最后一次施药的间隔天数）的规定，科学使用农药，防止农药残留超标。

第三节　草莓安全生产对策措施

　　草莓是鲜食裸果,市民对农药污染特别敏感,对质量安全高度关注。近年来,各地加大农产品质量安全工作力度,加强草莓安全生产全程监管,实施"一品一策"风险管控制度,加大病虫害绿色防控技术推广,草莓质量安全水平明显提高,市民食用草莓安全放心。但在一些地区,也存在一些问题,主要是草莓设施栽培、冬春大棚温度高、湿度大,病虫害特别是病害发生重,草莓用药情况普遍,仍有农药残留的检出,仍存在一定安全风险隐患,草莓质量安全特别是农药残留的控制是一项长期的艰巨任务。

一、发展对策

　　以乡村振兴战略和"两高"现代农业为目标,以农业可持续发展为指导,借鉴国外发达国家的先进管理经验,建立草莓质量安全的可追踪系统,实行从"田头到餐桌"管理模式,即从产前的农业投入品控制和环境条件改善,产中的无害化生产过程控制技术,产后质量检验检测,实现草莓生产全过程的控制,全面解决农药污染残留超标等问题,推进绿色草莓生产,保障市民食用安全,增强进入国内外市场竞争力,增加农民收入,促进经济社会和生态环境可持续发展。

二、控制措施

(一)建立与国际接轨的草莓安全生产体系和技术标准

　　现代农产品质量安全问题的本质决定于现代农产品生产、流通及消费方式。草莓质量安全问题形成机制根本上是由于当今农产品经济体系的复杂化和多元化。草莓供给的链条越来越长、环节越来越多、范围越来越广，加大了质量安全风险发生的概率。因此，首先要加强组织领导，发挥政府职能部门通力协作和宏观调控作用。其次，要建立起与国际接轨的草莓安全生产体系，包括质量安全管理和法律法规体系。第三，要建立质量安全的技术标准。建议积极跟踪国际农药残留标准制定动态，参与国际标准制修订，并尽快完善中国草莓农药最大残留限量标准体系，争取国际话语权。同时，不断加强农药田间使用和残留检测技术研究，提高用药水平和检测水平，早日接轨国际。

（二）从生产和流通的源头抓起，强化农业投入品管理

草莓从田头到餐桌，要经过生产、流通等诸多环节，每一个环节都有被污染的可能性。在草莓生产环节中，农业投入品如农药、化肥的不科学使用，在源头上造成了污染。因此，要切实加强农业投入品管控。首先，在农资生产上，政府要从国家宏观产业政策、税收财政政策等方面加大力度，逐步改变我国农药、化肥品种结构不合理的状况，扶持企业多生产绿色环保安全的农药和化肥。第二，在技术推广上，要开发研究和推广高效安全的农药、化肥和绿色防治技术。第三，在市场流通上，要加强农药、化肥质量检测，特别要加大对农药隐性成分检测，加强对农资市场执法监管，规范农资经营行为，堵截违禁农资源头。良好的生态环境是保护草莓安全的基础。要加强农业面源污染控制，加强对草莓产地的土壤质量、农田灌溉水质量、空气质量等农业生态环境的治理和保护。

（三）大力发展绿色草莓生产技术，推进精品名牌建设

依据国际的有关标准和规定，安全农产品包括三个层次：第一层次是无公害农产品，第二层次是绿色食品，第三层次是有机食品。从安全农产品层次来看，无公害农产品处于较低的层次，是农产品安全工作的基础。就浙江省现有草莓生产来说，大部分属于散户、大户种植模式，因此，首先应搞好无公害草莓生产；从长远来看，绿色和有机是发展方向，这也是人民群众对美好生活的要求。要积极顺应国内外市场消费的潮流，根据各地实际，在生态环境良好的山区和半山区，要以绿色生态示范区建设为抓手，高起点发展绿色和有机草莓。推进标准化、品牌化生产，做大做强精品名牌，提高国内外市场竞争力。

（四）加快制订草莓质量安全相关标准

标准是产品进入市场的钥匙，是规范草莓安全的框架。第一，没有标准就没有质量，没有质量也就没有名牌。推进草莓安全的标准化生产，就是要按照"统一、简化、协调、选优"的原则，对草莓生产的产前、产中、产后全过程，制订系列标准和实施标准，推广先进科技成果和经验，确保草莓的质量和安全。制订草莓安全标准，首先要制订草莓基地的生产技术标准；第二，要制订以控制农药残留为主的质量安全技术标准，以及无公害、绿色和有机草莓生产技术标准；第三，制订检验检测技术标准。

标准制订是基础，重点在应用，要大力推广草莓标准化生产技术，实施"一品一策"，重点是搞好"一个依托、三大结合"。一个依托就是利用现有技术推广体系，发挥各级技术人员作用，在全省建立市级示范区、县级示范乡、乡级示范村、村级示范点的标准推广网络。三个结合，就是要与农产品基地建设、与农业产业化经营和科研开发相结合。把农产品质量安全标准化的理念融入草莓新品种选育、栽培管理、治虫防病各个环节中去，努力提高农业科技水平和先进适用技术到位率，生产无公害优质草莓。

（五）大力推广草莓病虫害绿色防控技术，减少化学农药使用

草莓食用安全最主要问题是农药残留，关键是科学安全用药。根据草莓病虫发生情况，特别是草莓白粉病、灰霉病、蚜虫等主要病虫害，制订相应防控对策，要大力推广绿色、生态、无害化病虫害防治技术，推进农药减量计划实施。重点做好"控、绿、替、精、统"。

"控"。即控制草莓病虫害发生发展和为害。根据草莓病虫发生为害特点，突出草莓白粉病、灰霉病、炭疽病、斜纹夜蛾、蚜虫、红蜘蛛、蓟马、烟粉虱等主要病虫，抓好出苗、开花坐果关键时期，分类指导，预防与控制相结合，联防联控。

"绿"。即应用绿色防控技术，推进生态化治理，达到预防控制病虫发生的目的。在草莓生产中推广应用农业防治措施有：种植丰产抗病品种、合理轮作、科学肥水、设施栽培和生态调控等；物理防治措施有：防虫网覆盖和"三诱"技术（灯光诱杀、性诱剂诱杀和色板诱杀）；生物防治措施有：天敌释放和生物农药防治，可选用枯草芽孢杆菌和苏云金杆菌等防治草莓灰霉病和白粉病、斜纹夜蛾等。

"替"。即新农药和新药械替代。以"一高二低"农药（高效低毒低残

留）替代，加大植物源、生物源农药推广。草莓是小品种作物，目前登记药剂少，尚不能满足病虫害防治需求。要采取政策支持、财政扶持、农药生产企业参与和农科教密切配合，加强防治药剂筛选和残留试验研究，加快草莓用药登记应用。根据草莓病虫发生和药剂登记情况，防治草莓灰霉病可选用唑醚·啶酰菌、嘧霉胺、枯草芽孢杆菌等；防治草莓白粉病可选用醚菌·啶酰菌、粉唑醇、醚菌酯等；防治草莓炭疽病可选用戊唑醇等；防治红蜘蛛可选用依维菌素等；防治蚜虫可选用苦参碱等。以大中型高效药械替代小型低效药械。要根据草莓病虫草害的为害方式、发生部位、设施条件和农药的特殊性来选择施药器械和施药方式，推广应用安全高效的现代植保器械，加快传统低效落后的植保机械的淘汰进程，提高农药利用率。

"精"。准确诊断病因病情，查清虫情，主要是做好"查定"防治，一查病虫发生为害时期，定防治适期；二查病虫害种类，定草莓防治对象田（园）。做到配方选药、对症下药、精准施药、药到病除。

"统"。扩大病虫害统防统治。草莓种植规模小，组织化程度低，要鼓励支持发展草莓专业化合作组织和新型经营主体，逐步转向专业化统防统治，进一步提高病虫害防治组织化、规模化和专业化水平，解决"打药难、乱打药"等问题。

（六）建立草莓质量安全检验检测体系

检验检测是发现问题、分析评判和预警质量安全的重要手段，要加强省、市、县农产品质量安全检验检测体系建设，加强草莓和农药化肥等投入品例行监测、专项检测和应急检测，增强抽检样品的代表性，提高检测覆盖面，分析研判草莓和农业投入品质量安全状况，针对存在问题和薄弱环节，提出预警建议和防控对策，倒逼安全生产。

（七）加强农民素质教育，提高农产品的安全生产水平

农产品（食品）安全与人民群众身体健康、生活质量提高和生态环境改善密切相关，草莓是鲜食裸果，食用安全社会高度关注，要加强全民特别是农民素质教育，强化法制观念和社会公德、职业道德，增强自觉生产、加工和消费安全优质草莓的自觉性。农业部门要充实基层技术力量，加强技术培训和示范推广，提高草莓种植户的科学技术水平。要大力宣传农产品质量安全知识和科普常识，提高安全生产水平，确保人民群众吃得安全、吃得放心，促进经济社会和生态环境的可持续发展。

第二章　草莓病害监测与绿色防控

第一节 草莓白粉病

近年来，随着设施草莓栽培面积扩大，大棚草莓容易出现湿度大、光照不足和通风不良等问题，为草莓白粉病的发生提供了便利条件。草莓白粉病（strawberry powdery mildew）是草莓生产上普遍发生的一种重要世界性病害，发生流行频率高，为害损失重，草莓发生白粉病后，一般减产20%~30%，重则可达50%，甚至绝收，严重影响草莓的产量和品质。

一、草莓白粉病的测报方法

（一）预测依据

1.草莓白粉病发病流行规律

（1）侵染与发病。草莓白粉病病原菌为子囊菌亚门真菌 [*Sphaerotheca macularis* f. sp. *fragariae*]，为专性寄生菌。菌丝附着于叶片、叶柄、嫩枝和果实等部位，菌丝直径5~10μm，从菌丝上垂直生出圆柱形无分枝分生孢子梗，顶端串生无色椭圆形分生孢子，分生孢子成熟后脱落，形成（20~30）μm×（8~10）μm的椭圆形或圆柱形单孢孢子。

草莓感染白粉病后，受害部位会覆盖一层白色粉状物（图2-1）。叶片感染初期表现为叶面出现薄薄的白色菌丝，随着病情加重，叶片产生大小

叶片　　　　　　　　　　　叶柄　　　　　　　　　　　果实

图2-1 草莓白粉病发病症状

不等的暗斑和白色粉状物，叶缘上卷，后期病斑变红褐色，叶质变脆，叶缘萎缩、焦枯。花器感病后，花蕾畸形，花不能完全开放，花瓣变为粉红色。幼果感病后无法正常膨大，硬化干枯，果实后期感染则出现僵化、畸形、着色不良等现象，果面覆盖一层白色粉状病菌，失去光泽。

（2）发病流行规律。草莓白粉病菌在老叶上或随病株残体在土壤中越冬，或以带菌苗进行异地传播。气温适宜时，分生孢子或子囊孢子经气流传播到寄主叶片上。孢子萌发后经20h左右入侵叶片表皮，4d后形成白色菌丝，7d后成熟形成新的分生孢子，进行再侵染。由于叶片背面气孔较多，角质层较薄，所以叶背面比上表面更易受到病菌侵染发病。成熟的果实为病菌提供了良好的营养条件，最有利于病害发生和繁殖。

白粉病为低温高湿型病害，气温15~25℃、相对湿度80%以上最易发病，5℃以下和35℃以上，或湿度50%以下均不易发病。通气性差、光照不足、湿度过大的大棚内，基肥不足、土壤缺水、植株衰弱或氮肥过量、密度过大、植株徒长、植株过嫩等均有利于病害的发生流行。在中国浙江省建德市，当年11月至翌年5月发病较普遍，3—4月为发病高峰期，此时部分疏于管理的草莓田白粉病发病率可达80%以上。

2.影响草莓白粉病发病流行的主要因素

（1）病原基数较高，发病流行加重。草莓从苗期到果实成熟期，均能侵染发病，不同年份田间发病有较大差异，近年该病有加重流行趋势。浙江省建德市植保站1985—2018年系统监测，20世纪80—90年代初期草莓白粉病发生较轻，90年代中后期以来，发病一直较重，草莓叶（柄）发病率为1.03%~47.60%，病情指数为0.13~23.46，果实发病率为0.30%~15.39%，病情指数为0.08~4.02，在观测的34年中，中度以上流行的有15年，占44.12%，其中1996—1999年、2009年、2016年、2018年达到重发流行，流行频率达20.59%，近5年以来该病均达中度以上流行程度，重发流行频率达40.00%，见图2-2。由于病害普遍发生，病原菌逐年累积，加快了病害的流行频率，加重了病害发生为害程度。

（2）主栽的草莓品种较为感病。浙江省建德市1982年、1983年引进种植草莓品种"鸡冠""上海""保定鸡心"，1987年引选种植"宝交早生"，1990年引选种植"丰香"，1997年引选种植"章姬"，2000年引选种植"红颊"，从2011年以来"红颊""章姬"两大品种占全市草莓种植面积90%以上，田间抗病性监测结果表明，"红颊""章姬"白粉病发生均较重（图2-3）。

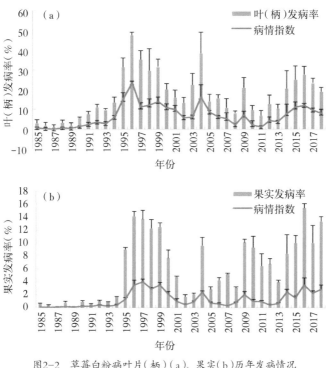

图2-2 草莓白粉病叶片(柄)(a)、果实(b)历年发病情况
(浙江建德,1985—2018)

"红颊""章姬"属于软果型的草莓品种,口感好,营养丰富,但较容易感染白粉病,该品种成为当地的草莓主栽品种,农户连年的大面积种植有利于病害的发生。

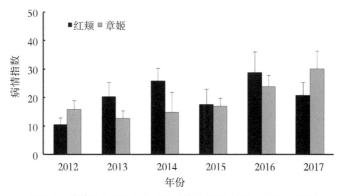

图2-3 草莓主栽品种白粉病发病情况(浙江建德,2012—2017)

（3）栽培管理方式有利于发病。浙江省建德市1982年引入草莓进行露地栽培，1988年进行大棚草莓栽培，草莓生产经历从露地草莓到大棚草莓的过程（图2-4），目前大棚设施栽培的草莓面积达90%以上，随着技术进步和生产发展，大棚栽培设施类型种类多，有地膜覆盖和小、中、大拱棚设施，也有比较现代化的全钢架结构大拱棚和现代日光温室、联栋玻璃智能温室等。由于草莓栽培方式变化，草莓白粉病也从露地栽培时期的轻发生发展为大棚设施栽培后的连年重发（图2-2）。因为露地栽培草莓光照充足，通风透光好，株间湿度低，草莓植株生长健壮，不利于病害的侵染为害；而温室大棚设施栽培，通风透光差，棚内光照不足，通常温度白天23~25℃，夜间8~10℃，相对湿度70%，适温高湿的小气候环境，有利于病菌滋生、蔓延和为害。

露地栽培　　　　　　　　　　　　　钢架大棚设施栽培

图2-4　草莓栽培方式的变化

（二）调查项目与方法

1.发病情况调查

调查时间：11月至翌年5月草莓白粉病易发期进行调查。

调查方法：根据当地主栽品种选定有代表性草莓园作为调查预测区，并在调查区每个品种选定5个观测点，每个观测点连续或跳跃选取有代表性植株10株，进行定点取样调查，每5d调查1次，调查叶片、果柄和果实发病情况，并进行病情分级（分级标准为：0级：无病斑；1级：病斑面积占整个器官面积的1%以下；3级：病斑面积占2%~5%；5级：病斑面积占6%~20%；7级：病斑面积占21%~40%；9级：病斑面积占40%以上）。计算发病率和病情指数，调查观测结果记入表2-1。

表2-1 草莓白粉病发病情况调查记载

观测单位：_____ 调查地点：_____ 年份：_____

调查日期		观测点编号	观测品种	调查面积（m²）	叶片（柄）发病情况				果实发病情况				备注
月	日				调查叶数	发病叶数	病叶率（%）	病情指数	调查果数	发病果数	病果率（%）	病情指数	

2. 栽培管理和气象条件记载

调查记载草莓设施栽培、种植品种、肥水管理和药剂防治情况，观测记载草莓白粉病发生期的天气情况、大棚温湿度，作为预测草莓白粉病发生的重要依据，调查观测结果记入表2-2。

表2-2 草莓栽培管理和气象资料记载

观测单位：_____ 调查地点：_____ 年份：_____

调查日期		观测地点	设施栽培	栽培品种	管理措施	药剂防治	天气状况							备注
月	日						最高（℃）	最低（℃）	平均（℃）	降水（mm）	日照（h）	地表湿度	空气湿度	

（三）预测方法

1. 综合预测法

草莓白粉病的发生，受病原基数、栽培品种、肥水管理、气候条件等影响。当草莓发病早、病原基数高，栽培品种较为感病，棚内适温高湿，偏施氮肥，群体密度大，疏叶疏花不到位，则病害有重发流行趋势。

2. 相关回归预测

历史监测数据分析表明，草莓白粉病叶片（柄）、果实发病率与为害损失率具有密切相关性。以浙江省建德市1985—2018年草莓白粉病叶片（柄）发病率（X_{11}）、病情指数（X_{12}）、果实发病率（X_{21}）、病情指数（X_{22}）与为害损失率（Y）进行相关性分析，相关均达极显著水平（图2-5），建立了草莓白粉病发生为害预测模型，经历史回验，平均预测准确率为94.18％。应用该模型，成功预测了该市2019年草莓白粉病发生趋势总体为偏重发生，与实际发生情况完全相符。

$$Y= -0.214\,85-0.009\,25X_{11} + 0.895\,3X_{21}\ (R^2 = 0.962\,6^{**})$$

式中，Y为为害损失率（％），X_{11}为叶片（柄）发病率（％）、X_{21}为果实发病率（％）。

$$Y_{11}= -0.018 + 0.298X_{11}\ (R^2 = 0.628^{**})$$

式中，Y_{11}为为害损失率（％），X_{11}为叶片（柄）发病率（％）。

$$Y_{12}=0.962 + 0.583X_{12}\ (R^2 = 0.544^{**})$$

式中，Y_{12}为为害损失率（％），X_{12}为叶片（柄）病情指数。

$$Y_{21}= -0.262 + 0.877X_{21}\ (R^2 = 0.962^{**})$$

式中，Y_{21}为为害损失率（％），X_{21}为果实发病率（％）。

$$Y_{22}=0.651 + 3.307X_{22}\ (R^2 = 0.837^{**})$$

式中，Y_{22}为为害损失率（％），X_{22}为果实病情指数。

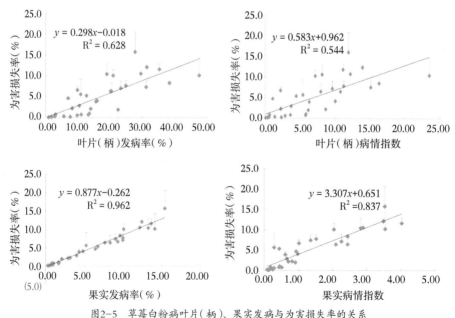

图2-5　草莓白粉病叶片（柄）、果实发病与为害损失率的关系

（浙江省建德市，1985—2018）

二、绿色防控技术

（一）防控对策

草莓白粉病的防治，坚持"预防为主，综合防治"植保方针，以科学监测和及时准确的预测预报为基础，采用农业防治、生态调控和药剂防治相结合的方法，综合控制病害发生为害。

（二）绿色防治技术

1.农业防治

选用抗性品种。监测研究表明，不同亲本来源的草莓品种对白粉病的抗性存在差异，亲本来源于欧美的草莓品种为硬果型，多表现高抗或抗病，如卡麦罗莎、森加拉等；亲本来源于日本的草莓品种为软果型，多表现易感白粉病，如章姬、幸香等；浙江省杭州市农业科学院等自主选育的品种，如"红玉"等表现为抗病或中抗白粉病。因此，要加强抗病品种的选育，加快丰产优质抗病品种的示范与推广，控制病害的发生。

培育无病壮苗。在育苗前要对苗床进行土壤消毒，一般苗床不连续育苗，防止白粉病侵染。同时，尽量避免草莓连作，防止病原菌潜伏侵害，有条件的情况下，实行水旱轮作种植，减少连作障碍。

加强栽培管理。适时移栽，合理密植，保证适宜株、行距。合理施肥，基肥以腐熟有机肥、磷钾肥为主，追肥以氮磷钾复合肥为主，忌偏施重施氮肥，提高植株抗病力；科学用水，现蕾后及果实膨大期、收获高峰期应特别注意水的管理，防止群体过大。

2.生态调控

调控棚室温湿度，能有效控制白粉病的发生。设施栽培条件下，在发病高峰期勤开棚通风，将温度控制在白天20~25℃，夜间5~10℃，湿度控制在50％~60％。加强通风降湿，在不影响草莓生长的条件下，尽可能延长通风时间。加强田间基础设施建设，开挖好排水沟，清理田间垄沟、排水渠的杂草、淤泥，保持沟渠相通，防止田间积水。及时清除老叶、病叶，疏花疏果，并带出棚外集中处理，防止病害传播。

3.化学药剂防治

药剂试验结果（表2-3），30％醚菌酯可湿性粉剂每公顷67.5g、

180.0g、216.0g不同浓度及对照药剂75％百菌清可湿性粉剂每公顷1 507.5g喷雾处理，7d后对草莓白粉病的校正防治效果分别为97.5％、98.8％、98.8％和91.4％。试验结果表明，30％醚菌酯可湿性粉剂3种浓度处理间和对照药剂75％百菌清可湿性粉剂的防治效果无显著差异，30％醚菌酯可湿性粉剂对草莓白粉病有良好的防治效果，已取得农业农村部的农药登记。

表2-3　醚菌酯对草莓白粉病防治效果（浙江建德）

处理	有效成分用量（g/hm²）	药前病情指数	药后病情指数	校正防治效果（%）
30％醚菌酯 WP	67.5	0.4	0.2	97.5aA
30％醚菌酯 WP	180.0	0.4	0.1	98.8aA
30％醚菌酯 WP	216.0	0.4	0.1	98.8aA
75％百菌清 WP	1 507.5	0.4	0.7	91.4aA
CK_0		0.4	8.1	—

注：供试草莓品种为红颊。同列数据后不同小写字母表示在5％水平上差异显著，不同大写字母表示在1％水平上差异显著

药剂防治是防控草莓白粉病经济有效的方法，在发病前或发病初期选用对口药剂防治，可有效防控病害的发生流行。可选用30％醚菌酯可湿性粉剂30~45g/亩，或42.4％唑醚·氟酰胺10~20mL/亩，或25％粉唑醇悬浮剂20~40g/亩，对初发草莓白粉病植株喷施，每隔5~7d用药1次，连续用药2~3次，防控效果显著。喷药要均匀周到，叶面、叶背都要喷到，防治药剂要交替使用，以防止或延缓病菌产生抗药性。要严格掌握农药安全间隔期，确保草莓食用安全。

第二节　草莓灰霉病

草莓作为一种栽培周期短、结果早、见效快的经济作物，近几年来在我国取得了迅猛发展。浙江是全国草莓主要种植地区之一，全省草莓种植面积0.67万 hm^2，年产量10多万 t，产值10多亿元，是浙江省建德、嘉善、奉化、临海、金东等地农民致富的主导产业。草莓灰霉病是草莓生产中的主要病害，在露地、设施栽培中普遍发生，主要为害果实，也可为害花瓣、果梗、叶片和叶柄，一般年份发病率达10%~30%，重发的达60%以上，严重影响草莓产量和果品品质。

一、草莓灰霉病的测报方法

（一）预测依据

1.草莓灰霉病的发病流行规律

（1）侵染与发病。草莓灰霉病病原菌为真菌半知菌亚门灰葡萄孢菌（*Botrytis cinerea* Pers）。病菌主要以菌丝体或菌核在病残组织或土壤中越冬，翌年分生孢子通过气流、风雨及农事操作等途径传播。分生孢子会对草莓花瓣、果实进行初次侵染，染病果实相互接触以及病果上的分生孢子因人为或自然因素可引起再次侵染。草莓灰霉病主要在结果期发病，幼果上发生严重，侵染初期幼果形成水浸状病斑，进一步扩展后形成褐色病斑，雨天、浓雾、高湿环境下在病果上产生灰褐色霉层，干燥条件下则呈干腐状。成熟果实常从果实基部近萼片处开始产生浅褐色病斑，向整个果实扩展，最终腐烂，果实表面布满灰色霉菌。花器感染灰霉病一般会出现花萼背面变红褐色，整个花序发病时，果枝、萼片、花瓣均呈红色或褐色。茎叶部发病较少，主要是病花脱落到叶上，或贴近地面而感染，叶部发病初期表现为水渍状小斑点，向外扩展形成褐色轮纹状大斑，最后蔓延至整个叶片，导致叶片腐烂。草莓花序和叶片、果枝和果实发病症状见图2-6。

花序和叶片发病　　　　　　果枝发病　　　　　　果实发病

图2-6　草莓灰霉病及其为害症状

（2）发病消长动态。设施大棚草莓灰霉病发病动态调查结果（图2-7）表明，草莓叶片灰霉病发病从11月下旬开始，无明显高峰期，发病较为平缓，平均发病率为4.51％；花从12月上旬开始发病，没有明显高峰期，平均发病率为3.71％；果实从12月下旬开始发病，高峰期为2月下旬到采收结束，平均发病率为21.11％，最高发病率达61.93％。从草莓灰霉病监测结果看，2月下旬到草莓采收期为病害防治关键时期。

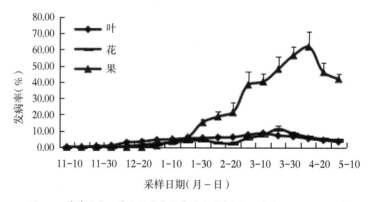

图2-7　草莓叶片、花朵和果实灰霉病发病率（浙江建德，2014—2016）

（3）历年发生流行状况。浙江省建德市植保站1985—2018年对草莓灰霉病发病情况系统调查结果，草莓叶片发病率为0.81％~41.08％，病情指数0.11~18.77；花朵发病率为0.38％~26.54％，病情指数0.03~10.17；果实发病率为0.11％~31.83％，病情指数0.08~3.49；为害损失率为0.01％~8.52％。在观测的34年中，中度以上流行的有7年，占20.59％。从历史监测结果看，草莓灰霉病在20世纪80—90年代发病轻，进入21世纪以来，该病发生加重，2006年、2007年、2009年、2011年、2013年、2016年、2018年达到中度到中度偏重发生流行，流行频率占36.84%，见图2-8。

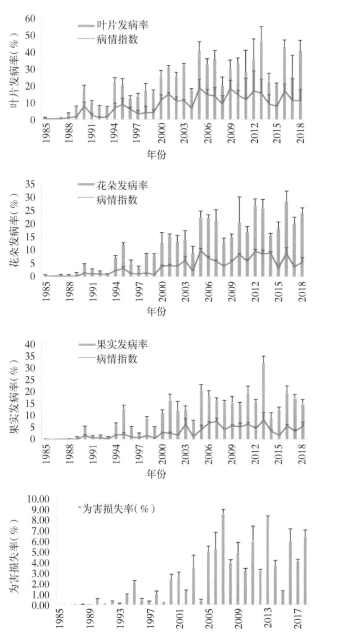

图2-8 草莓灰霉病历年叶片、花朵、果实发病与损失情况(浙江建德，1985—2018)

2.影响发病流行的主要因素

栽培品种。浙江省建德市1982年试种草莓、1983年引进种植草莓品种"鸡冠""上海""保定鸡心"，1987年引选种植"宝交早生"，1990年引选种植"丰香"，1997年引选种植"章姬"，2000年引选种植"红颊"，从2011年以来"红颊""章姬"两大品种占全市草莓种植面积90％以上。据田间抗病性调查，"红颊""章姬"品种发病率高，较易感病。草莓主栽品种抗病性弱，导致近年病害普发并加重为害。

设施环境。浙江省建德市草莓生产，经历了从1987年以前的露地栽种草莓到1988年以后的大棚栽培草莓的过程，目前大棚设施栽培的草莓面积达90％以上。大棚设施栽培的温度、湿度、光照条件影响草莓灰霉病发生，灰霉病菌喜温暖潮湿的环境，气温20~25℃、湿度90％以上，或草莓植株上有积水，病害容易暴发流行；气温在32℃或2℃以下时发病较轻。草莓发病敏感生育期为开花坐果期至采收期，发病潜育期为7~15d，浙江省露地草莓通常在2月中下旬至5月上旬多雨季节为发病盛期，设施栽培的12月中旬至2月上旬的寒冷期，由于棚内适温高湿，仍有利于灰霉病发生。

管理措施。草莓灰霉病发病与栽种密度、管理措施和施肥状况等关系也较为密切。栽种密度过大，施氮肥过多，造成植株生长过旺，或者不进行疏花疏叶，光照条件不足，湿度过大，都有利于病害发生。

（二）调查项目与方法

1.发病情况调查

调查时间：11月下旬至翌年5月上旬。

调查方法：选定有代表性草莓园作为调查预测区，选择当地主栽品种，每个品种选定5个观测点，每个观测点连续或跳跃选取有代表性植株10株，进行定点取样调查，每5d调查一次。主要调查病果和病叶情况，计算发病率和病情指数（分级标准：0级：无病；1级：病斑面积占果实或叶片面积的5％以下；3级：病斑面积占6％~15％；5级：病斑面积占16％~25％；7级：病斑面积占26％~50％；9级：病斑面积占51％以上）。调查观测结果记入表2-4。

表2-4　草莓灰霉病发病情况调查记载

观测单位：＿＿＿＿＿＿＿＿＿　　调查地点：＿＿＿＿＿＿＿＿＿　　年份：＿＿＿＿＿

调查日期		观测点编号	观测品种	调查面积（m²）	叶片（花）发病情况				果实发病情况				备注
月	日				调查叶数	发病叶数	病叶率（%）	病情指数	调查果数	发病果数	病果率（%）	病情指数	

2.栽培管理和气象条件记载

观测记载草莓灰霉病发生期的天气情况、田间气候状况、管理操作过程等项目，作为预测草莓灰霉病发生的重要依据。调查观测结果记入表2-5。

表2-5　草莓栽培管理和气象资料记载

观测单位：＿＿＿＿＿＿＿＿＿　　调查地点：＿＿＿＿＿＿＿＿＿　　年份：＿＿＿＿＿

调查日期		观测地点	设施栽培	栽培品种	管理措施	药剂防治	天气状况							备注
月	日						最高（℃）	最低（℃）	平均（℃）	降水（mm）	日照（h）	地表湿度	空气湿度	

（三）预测方法

1.综合预测法

草莓灰霉病的发生受病原基数、栽培品种、气候条件、栽种密度、管理措施和施肥状况等影响。当草莓叶片、花序发病基数较高，栽培品种易感病，棚内适温高湿，偏施氮肥，疏叶疏花不到位，通风透光差，则加重病害发生流行。

2.相关回归预测法

历史监测数据分析表明，草莓灰霉病叶片、花朵、果实发病率与为害损失率具有密切相关性。以浙江省建德市1985—2018年草莓灰霉病叶片发

病率 X_{11}、病情指数 X_{12}、花朵发病率 X_{21}、病情指数 X_{22}、果实发病率 X_{31}、病情指数 X_{32} 与为害损失率 Y 进行相关性分析，相关均达极显著水平（图 2-9），建立了草莓灰霉病发生为害预测模型，经历史回验，平均预测准确率为91.18%。

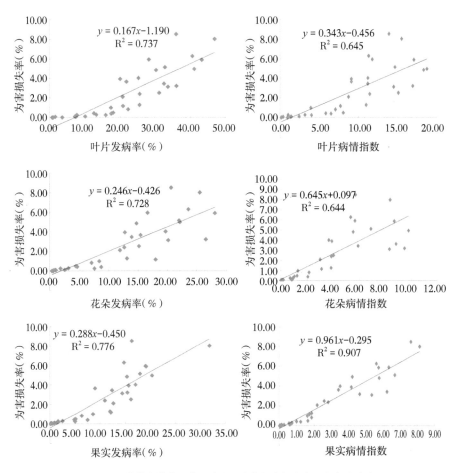

图2-9　草莓灰霉病叶片、花朵、果实发病与为害损失率的关系

（浙江建德，1985—2018）

$$Y = -0.769 + 0.042X_{11} + 0.045X_{21} + 0.178X_{31}（R^2 = 0.795^{**}）$$

式中，Y 为为害损失率（%），X_{11} 为叶片发病率（%），X_{21} 为花朵发病率（%），X_{31} 为果实发病率（%）；

$$Y_{11} = -1.190 + 0.167X_{11}（R^2 = 0.737^{**}）$$

式中，Y_{11} 为为害损失率（%），X_{11} 为叶片发病率（%）；

$Y_{12} = -0.456 + 0.343X_{12}$（$R^2 = 0.645^{**}$）

式中，Y_{12} 为为害损失率（%），X_{12} 为叶片病情指数；

$Y_{21} = -0.426 + 0.246X_{21}$（$R^2 = 0.728^{**}$）

式中，Y_{21} 为为害损失率（%），X_{21} 为花朵发病率（%）；

$Y_{22} = 0.097 + 0.645X_{22}$（$R^2 = 0.644^{**}$）

式中，Y_{22} 为为害损失率（%），X_{22} 为花朵病情指数；

$Y_{31} = -0.450 + 0.288X_{31}$（$R^2 = 0.776^{**}$）

式中，Y_{31} 为为害损失率（%），X_{31} 为果实发病率（%）；

$Y_{32} = -0.295 + 0.961X_{32}$（$R^2 = 0.907^{**}$）

式中，Y_{32} 为为害损失率（%），X_{32} 为果实病情指数。

二、绿色防控技术

（一）生态调控

1.选用抗病品种

种植抗病品种是防治草莓灰霉病最经济有效的手段。目前，生产上还没有高抗灰霉病的草莓品种，但不同品种间的抗病程度有较大差异，一般欧美系等硬果型品种抗病性较强，而日系等软果型品种较易感病。要加强抗病品种选育，示范推广优质、丰产、抗病性较强的品种。严格管理育苗环境条件，进行苗床消毒，培育无病壮苗，从源头降低发病率。

2.合理轮作

连年草莓种植会因土壤的养分消耗过多，土壤微生物菌落单一等因素，导致其病原菌大量累积，加重草莓灰霉病的发生。合理轮作可有效减轻灰霉病的发生，在连年种植草莓的地块，提倡与水稻进行水旱轮作，或与葱、韭菜、蒜、十字花科、菊科等非灰霉病寄主植物轮作，减少连作障碍。

3.科学栽培管理

采用高垄栽培和覆膜前铺设微滴管，采用膜下暗灌，防止灰霉病菌孢子随灌溉水传播，同时减少用水量，降低棚内湿度。科学施肥，适当控制氮肥用量，增施有机肥，合理调节磷钾肥比例，提高草莓植株的抗病能力。适当降低草莓种植密度，适时疏叶疏花，控制草莓生长群体。及时清除病叶病果等带菌残体，带到棚外进行集中销毁。草莓采收结束后，及时将植株残体清除干净，并于夏季高温天气高温闷棚消毒，闷棚时灌水至饱和，将稻草秸秆切碎混入土壤，盖上地膜，再封闭大棚15~20d，消灭土壤中的病原菌。

4.适时通风

严格控制大棚的温湿度，是防治草莓灰霉病发生的主要措施之一。草莓进入花期至果实膨大期，当白天棚内温度25℃以上，夜间温度超过12℃，应适当延长通风时间，降低棚内的空气相对湿度，在中午气温较高时，做好通风换气工作，避免棚内长期高湿状态。露地栽培草莓遇连续阴雨天气时，应及时开沟排水，降低田间湿度。

（二）药剂防治

药剂试验结果（表2-6），400g/L嘧霉胺每公顷180g、270g、360g不同剂量及对照药剂50%啶酰菌胺每公顷300g喷雾处理，第二次药后7d对草莓灰霉病的校正防治效果分别为84.3%、89.3%、91.3%和88.7%。试验结果表明，400g/L嘧霉胺悬浮剂3种剂量处理间和对照药剂50%啶酰菌胺水分散粒剂的防治效果无差异显著性，400g/L嘧霉胺悬浮剂对草莓灰霉病具有较好的防治效果。

表2-6　嘧霉胺对草莓灰霉病防治效果（浙江建德）

处理	有效成分用量（g/hm²）	药前病情指数	药后病情指数	校正防效（%）
400g/L嘧霉胺悬浮剂	180	3.7	0.9	84.3aA
400g/L嘧霉胺悬浮剂	270	3.6	0.6	89.3aA
400g/L嘧霉胺悬浮剂	360	3.7	0.5	91.3aA
50%啶酰菌胺水分散粒剂	300	4.0	0.7	88.7aA
CK	—	3.8	5.9	—

注：供试草莓品种为红颊。同列数据后不同小写字母表示在5%水平上差异显著，不同大写字母表示在1%水平上差异显著

草莓灰霉病的防治应坚持预防为主、综合防治的方针。在做好农业防治基础上，适时开展施药预防保护。在灰霉病的药剂防治中，主要采用保护性的杀菌剂，预防病原菌侵染。花期和坐果期是防治重点时期，根据病情观测结果和气象资料预测，及时早防早治，以第一花序20%开花、第二花序始花，或灰霉病发生初期为最佳防治时期。可选用50%啶酰菌胺水分散粒剂30~45g/亩，或38%唑醚·啶酰菌水分散粒剂40~60g/亩，或400g/L嘧

霉胺悬浮剂45~60mL/亩等高效安全药剂防治，主要喷施残花、叶片、叶柄及果实等部位，在草莓发生初期每隔7~10d用药1次，连续施药2~3次。为防止或减缓灰霉病菌产生抗药性，不同药剂交替使用，或与1 000亿孢子/g枯草芽孢杆菌可湿性粉剂40~60g/亩等生物药剂轮换使用。

第三节　草莓炭疽病

在我国东南沿海，气候温暖湿润，草莓炭疽病（*Colletotrichumf ragariae* Brooks）发生为害普遍。浙江省是我国草莓主要种植地区之一，主栽品种有"红颊""章姬""丰香"等，均易感炭疽病，在草莓整个生育期均可发病，以育苗和定植初期最为普遍，发病率高的达90％以上，毁灭性死苗也时有发生，严重影响草莓的产量和品质，影响农民增收和产业可持续发展。

一、草莓炭疽病的测报方法

（一）预测依据

1.草莓炭疽病的发病流行规律

（1）侵染与发病。草莓炭疽病病菌为半知菌亚门毛盘孢属草莓炭疽菌。该病发生蔓延主要经历越冬、始发、盛发、衰退四个阶段。在病残体或土壤中，病原菌常以菌丝体或分生孢子的形式越冬，到草莓生长季节，当环境条件适宜时，病害易呈现暴发型，特别是易感病品种。

草莓炭疽病主要为害草莓的匍匐茎、叶柄和根冠，花及果实也可感染（图2-10）。发病植株呈凋萎症状，开始1~2片嫩叶失去活力下垂，傍晚恢复正常，进一步发展植株就很快萎蔫，叶片枯黄，直至枯死。幼苗发病：主要表现在叶片上，植株逐渐萎蔫枯死；茎部发病：病斑一般长3~7mm，黑色，纺锤形或椭圆形，溃疡状，稍凹陷；叶柄或匍匐茎发病：病斑呈

图2-10　草莓炭疽病叶柄发病

梭形，病斑包围叶柄或茎1周时，病斑以上部分枯死，湿润条件下病斑上长出肉红色黏质孢子堆，有时叶和叶柄上产生污斑状病斑。叶片发病：有时叶片上也会显症，出现黑褐色斑；花发病：开花时发病，包括萼片、花瓣、雌蕊、雄蕊都会干枯死亡。浆果发病：产生近圆形病斑，淡褐至暗褐色，软腐状并凹陷。后期也可长出肉红色黏质孢子团，并呈同心圆状排列。

（2）发病流行动态。草莓炭疽病在草莓整个生育期均可发病，以育苗和定植初期最为普遍，毁灭性死苗时有发生，严重影响草莓的产量和品质。浙江省建德市植保站1985—2018年草莓炭疽病发生情况的系统监测结果，草莓叶柄与匍匐茎发病率为0.19%~38.57%，病情指数为0.01~17.48，为害损失率为0.06%~38.28%。在观测的34年中，中度以上流行的有16年，占47.06%。从病害历年发生监测结果看，该病在20世纪80—90年代发病较轻，进入21世纪以后，发病逐年加重，从2005年以来，每年达到重发流行程度，对草莓产量造成严重损失，见图2-11。

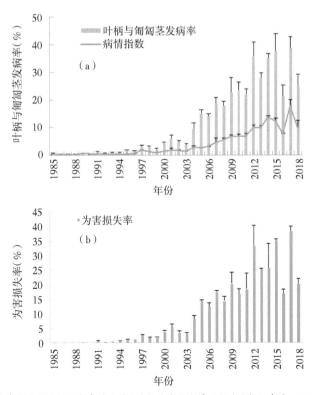

图2-11 草莓炭疽病叶柄与匍匐茎发病(a)与为害损失情况(b)（浙江建德，1985—2018）

2.影响发病流行的主要因素

（1）品种抗病性。草莓炭疽病大多具有潜伏侵染的特性，带菌种苗并不表现症状，大田生长时易呈现逐发型病害，尤其是部分中感品种。不同草莓品种对炭疽病菌抗性存在差异，同一植株不同部位对炭疽病菌的抗性反应也不一致，通过苗期人工接种鉴定草莓植株抗性表明，随着接种时间的推移，植株叶部病情明显比叶柄、葡匐茎重。不同品种抗病性测定结果表明，当前主栽的"红颊""章姬"品种易感病害，从2011年以来，建德市草莓栽培面积1 133hm²，该两大品种占全市草莓栽培面积的90％以上，这也是近年该病发生流行的主要因素之一。

（2）栽培管理。该病菌寄主广泛，主要以分生孢子在发病组织或落地病残体中越冬。如果对病株处理不当，病菌的分生孢子借助雨水或风力扩散，侵染健康植株，从而导致该病蔓延。草莓种植密度、是否起垄、起垄大小、肥水状况、是否连作或设施栽培等都将直接影响病害的流行。

（3）气候条件。草莓炭疽病是典型的高温高湿型病害，病原菌的菌丝生长和产孢适宜温度为10~35℃，菌丝生长最适温度为24~28℃。5月下旬，当气温上升到25℃以上，草莓葡匐茎或近地面的幼嫩组织易受病菌侵染。春季草莓抽生第一片嫩叶时，气温多在10℃以上，基本上满足病菌对温度的要求。草莓幼苗期，降水量大，湿度高，有利于病菌的产孢、传播、侵染。干燥晴朗的天气则不利于病害的发生蔓延，在高湿环境下，相对湿度越高，病害流行速度越快。

（二）调查项目与方法

1.发病情况调查

调查时间：大棚草莓于移栽后至翌年2月上旬进行调查。

调查方法：育苗期根据当地主栽品种选定5个有代表性育苗田作为调查预测区，每个调查区选定5个观测点，每个观测点连续或跳跃选取有代表性植株10株，进行定点取样调查。生长期在调查区选定5个大棚为观测点，每个观测点连续或跳跃选取有代表性植株10株，进行定点取样调查，每5d调查一次，主要调查病叶、感染葡匐茎、病根情况，并进行病情分级病叶病级分类标准为：0级：无病斑；1级：病斑面积占整个叶片面积的5％以下；3级：病斑面积占6％~10％；5级：病斑面积占11％~25％；7级：病斑面积占26％~50％；9级：病斑面积占51％以上。叶柄与葡匐茎的病情分级标准为：0级：无病；1级：发病部出现浅红色和褐色晕圈或红褐色斑点，病斑平均长度≤2.0mm；3级：病斑沿叶柄或匍匐茎方向向两侧扩大呈梭形黑褐色凹陷病痕，病斑平均长度在2.1~5.0mm；5级：出现典型的纺锤形病斑，病斑平均长度在5.1~9.0mm；7级：病斑扩大，平均长度为9.1~15.0mm；9级：叶柄或匍匐茎发病部呈黑色抽缩状，发病叶柄的叶片伴随出现萎蔫，病斑平均长度>15.0mm。计算发病率和病情指数。调查结果记入表2-7。

表2-7 草莓炭疽病发病情况调查记载

观测单位：_____ 调查地点：_____ 年份：_____

调查日期		观测点编号	观测品种	调查面积（m²）	叶片发病情况				茎（根）发病情况				备注
月	日				调查叶数	发病叶数	病叶率（%）	病情指数	调查茎（根）数	发病茎（根）数	病茎（根）率（%）	病情指数	

2.栽培管理和气象条件记载

调查记载草莓设施栽培、种植品种、肥水管理和药剂防治情况，观察记载病害发生期的天气情况、大棚温（湿）度等，作为预测草莓炭疽病发生的重要依据。调查观测结果记入表2-8。

表2-8 草莓栽培管理和气象资料记载

观测单位：_____ 调查地点：_____ 年份：_____

调查日期		观测地点	设施栽培	栽培品种	管理措施	药剂防治	天气状况							备注
月	日						最高（℃）	最低（℃）	平均（℃）	降水（mm）	日照（h）	地表湿度	空气湿度	

（三）预测方法

1.综合预测法

草莓炭疽病的发生为害，受病原基数、栽培品种、田间管理和气候条件等因素影响。若草莓炭疽病发病早、栽培品种较为感病、棚内高温高湿，则有利于病害发生流行。如草莓育苗和定植初期发病率高，偏施氮肥，疏叶疏花不到位，群体密度大，气候条件又较为有利，则病害有严重发生趋势。

2.相关预测法

历史监测数据分析表明，草莓炭疽病叶柄、匍匐茎发病率与为害损失率具有密切相关性，以浙江省建德市1985—2018年草莓炭疽病叶柄、匍匐茎发病率 X_{11}、病情指数 X_{12} 与为害损失率 Y 进行相关性分析，相关达极显著水平（图2-12），建立了草莓炭疽病发生为害预测模型，经历史回验，平均预测准确率为97.06%。

$Y_{11} = -0.264 + 0.894X_{11}$（$R^2 = 0.982^{**}$）

式中，Y_{11} 为为害损失率（%），X_{11} 为叶柄与匍匐茎发病率（%）；

$Y_{12} = 1.351 + 2.397X_{12}$（$R^2 = 0.914^{**}$）

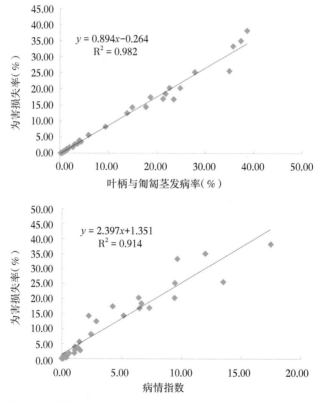

图2-12　草莓炭疽病叶柄、匍匐茎发病与为害损失率的关系（浙江建德）

式中，Y_{12} 为为害损失率（％），X_{12} 为病情指数（％）；

二、绿色防控技术

（一）农业防治措施

选择近年来未种植过草莓，排灌、光照条件好的农田作育苗田，避免连作，小畦大垄育苗，合理密植，改善通风透光条件。选种丰产优质抗病品种，以无病植株作为育苗母株。施好优质基肥，避免偏施氮肥。控制大棚内温度，并及时排湿，及时摘除老叶、病叶及后期无效分枝，提高通风透光性，减少病菌传播。

（二）药剂防治

药剂试验结果（表2-9），25％嘧菌酯每公顷150g、187.5g、225g不同剂量及对照药剂戊唑醇每公顷90g喷雾处理，第一次药后7d对草莓炭疽病的校正防治效果分别为80.0％、90.0％、96.7％和76.7％；第二次药后7d对草莓炭疽病的校正防治效果分别为82.7％、92.3％、96.4％和84.5％。试验结果表明，25％嘧菌酯悬浮剂高剂量（225g/hm²）处理的防效极显著好于对照药剂40％戊唑醇悬浮剂的防效（$P>0.01$），25％嘧菌酯悬浮剂中剂量（187.5g/hm²）处理的防效显著好于对照药剂的防效（$P>0.05$），25％嘧菌酯悬浮剂低剂量（150g/hm²）处理的防效与对照药剂的防效相当，25％嘧菌酯悬浮剂对草莓炭疽病具有较好的防治效果。

表2-9　嘧菌酯对草莓炭疽病防治效果（浙江建德）

处理	有效成分用量（g/hm²）	第一次药后7d		第二次药后7d	
		病情指数	防效（％）	病情指数	防效（％）
25％嘧菌酯悬浮剂	150	0.6	80.0bcB	2.9	82.7bB
25％嘧菌酯悬浮剂	187.5	0.3	90.0abAB	1.3	92.3aAB
25％嘧菌酯悬浮剂	225	0.1	96.7aA	0.6	96.4aA
40％戊唑醇悬浮剂	90	0.7	76.7cB	2.6	84.5bB
CK	—	3.0	—	16.8	—

注：供试草莓品种为红颊。同列数据后不同小写字母表示在5％水平上差异显著，不同大写字母表示在1％水平上差异显著

草莓炭疽病发病后很难根治，应加强田间监测调查，以预防为主，早防早治。在草莓育苗和移栽定植前可对苗床和大田土壤进行消毒。育苗田

定植后，根据发病情况监测调查，选用对口药剂进行防治，可选用25％嘧菌酯悬浮剂40~60mL/亩，或25％戊唑醇水乳剂20~28mL/亩，或430g/L戊唑醇悬浮剂10~16mL/亩，或250g/L苯醚甲环唑乳油1 500~2 000倍液喷雾防治，在第一次喷药后隔7d再防治一次，雨前雨后都要及时预防。育苗田在子苗基本布满苗床时，用多效唑100mg/L喷施1~2次，防止徒长，促进矮壮，提高植株抗病能力。

第四节　草莓枯萎病

枯萎病是大棚草莓上的常见病害之一，主要为害根部。病株轻者黄矮，结果减少，果实小，品质降低；重者全株枯死。田间常与黄萎病、炭疽病混合发生，容易混淆。

一、草莓枯萎病的测报方法

（一）预测依据

1.发病症状

草莓枯萎病多在苗期或秋季定植后发生（图2-13）。发病初期草莓植株的心叶颜色变淡，转为黄绿色或黄色，有的卷缩呈波状，或产生畸形叶，病株叶片无光泽，在1个复叶中常有1~2片小叶畸形或变小、硬化，且多发生在植株的同一侧。轻病株症状有时会消失，但结果少而小，品质低劣；重

图2-13　草莓枯萎病

病株老叶呈紫红色萎蔫，后叶片变黄干枯，直至全株枯死。病株的根部、短缩茎、叶柄、果梗维管束变成褐色或黑褐色。根部变褐维管束纵剖镜检可见病菌的菌丝。在环境潮湿时，枯死病株茎及叶柄、果梗基部表面会产生大量粉红色霉层。

2.发病流行规律

（1）流行过程。草莓枯萎病的病原为半知菌亚门，镰孢菌属的尖孢镰刀菌（*Fusarium oxysporum* Schl.），主要以菌丝体和厚垣孢子在病株及种子，或随病残体在土中或在未腐熟的有机肥上越冬。当草莓移栽时厚垣孢子萌发，产生菌丝从根部伤口或自然裂口侵入，在寄主维管束内生长，产生大量小型分生孢子，并在导管中移动、增殖、分泌毒素，堵塞维管束，破坏植株正常的水分和养料输送而引起萎蔫。该病可通过病株和病土传播。

（2）病害流行成因。

①菌源条件：草莓枯萎病菌适宜偏碱环境。菌丝 pH 值 4~9 均可生长，但以 pH 值 6~9 生长最好。据报道，枯萎病菌厚垣孢子在土壤中可存活 6~9 年，但病残体内的菌丝及分生孢子在浸水条件下容易死亡。长期连作，上年发病重的田块菌源基数高。带病草莓苗的远距离调运，也会加速病害的传播。

②气候条件：病菌生长发育温度范围为 10~36℃，15~18℃开始发病，最适温度 28~32℃，是耐高温性的病原真菌，菌丝的致死温度 65℃ 10min，分生孢子的致死温度 80℃ 10min。9 月大棚草莓定植后至初花期是主要发病高峰。11 月，当气温下降至 20℃以下后，受害较轻的病株症状会逐渐消失。翌年 3 月，随着气温升高雨水增多，病株又会再次表现症状。秋季气温高、降温迟的年份发病重，返之则发病较轻。

③栽培管理：土质黏重、地势低洼、排水不良都有利于病害发生，而地势高，排水通畅，土壤疏松，有机质含量丰富的田块发病较轻。壮苗发病轻，弱苗发病重。大水漫灌有利于病害的发生与传播。土壤线虫及地下害虫防治不及时，造成的伤口有利于枯萎病菌的侵入，从而加重病害发生。

④品种抗性：不同草莓品种抗病性不同，"法兰地""红颊""公四莓""明宝""章姬""春旭"等较抗病，田间发病较轻，而"丰香""女峰""麦特来""鬼怒甘"等抗病性一般或偏弱，发病较重。

（二）调查项目与方法

1.发病情况调查

调查时间：育苗期从 3 月定植返青至 9 月上旬；大棚草莓于移栽后至翌年 4 月上旬进行调查。

调查方法：育苗期根据当地主栽品种选定 5 个有代表性育苗田作为调

查预测区，每个调查区选定5个观测点，每个观测点连续或跳跃选取有代表性植株10株，进行定点取样调查。大棚生产期在调查区选定5个大棚为观测点，每个观测点连续或跳跃选取有代表性植株10株，进行定点取样调查，每5d调查一次，主要调查植株发病情况，并进行病情分级，病级分类标准为：0级：无病；1级：病株心叶颜色黄绿色或黄色；3级：病株复叶中有1~2片小叶畸形或变小；5级：病株老叶呈紫红色萎蔫；7级：病株1/2或以上叶片变黄干枯；9级：全株枯死。计算发病率和病情指数。调查结果记入表2-10。

表2-10　草莓枯萎病发病情况调查记载

观测单位：_____　　调查地点：_____　　年份：_____

调查日期		观测点编号	观测品种	调查面积(m²)	发病情况							备注
					调查株数	病株分级					病株率(%)	病情指数	
月	日					1级	3级	5级	7级	9级			

2. 栽培管理和气象条件记载

调查记载草莓设施栽培、种植品种、肥水管理和药剂防治情况，观察记载病害发生期的天气情况、大棚温（湿）度等，作为预测草莓枯萎病发生的重要依据。调查观测结果记入表2-11。

表2-11　草莓栽培管理和气象资料记载

观测单位：_____　　调查地点：_____　　年份：_____

调查日期		观测地点	设施栽培	栽培品种	管理措施	药剂防治	天气状况							备注
月	日						最高(℃)	最低(℃)	平均(℃)	降水(mm)	日照(h)	地表湿度	空气湿度	

（三）预测方法

草莓枯萎病的发生为害，受病原基数、种苗素质、连作轮作、肥水管理和气候条件等因素的综合影响。当病害常年发生重，菌源基数高，多年连作，土壤消毒率低，秋季高温多阵雨天气，偏施氮肥等，病害有加重流行的趋势。

二、绿色防控技术

草莓枯萎病是一种较难防治的病害。防治草莓枯萎病应立足于"预防为主，综合防治"，从源头上杜绝病原物的侵染，切断土壤基质、种苗、灌溉等病原菌的传播途径。在做好农业防治的基础上，还要进行系统的田间调查，掌握适期及时进行化学防治。

（一）农业防治措施

选用抗病品种。如"法兰地""红颊""明宝""章姬"等。对种苗要进行检疫，提倡基质育苗，建立无病苗圃，选用无病壮苗。有条件的草莓种植田与水稻等水生作物进行3年以上轮作。重茬田于夏季高温季节利用太阳能进行土壤消毒。加强栽培管理，施用充分腐熟有机肥，平衡施肥。要小水浅灌，忌大水漫灌，推广滴灌或渗灌，避免灌后积水，雨后及时排水。发现病株及时拔除并集中烧毁，病穴用生石灰消毒。草莓倒茬后及时清除销毁残株，防止病原菌积累。

（二）药剂防治

重茬田在定植前用石灰氮、棉隆等药剂进行土壤消毒，杀死病菌。重病区或重茬田定植时用2亿孢子/克木霉菌杀菌剂330~500倍液灌根，或250g/L吡唑醚菌酯EC 2 000倍液。

第五节　草莓黄萎病

草莓属蔷薇科草莓属植物，具有产量高、经济效益好等特点，是浙江省建德、奉化、临海等地最具特色的农业传统产业。但是，随着草莓种植面积的扩大，重茬年限的增加以及相互引种等原因，草莓黄萎病的发生有逐年加重趋势，一般田块病株率在1%～5%，重病田发病率10%以上，已成为制约草莓生产和种苗繁育发展的重要障碍因素之一。

一、草莓黄萎病的测报方法

（一）预测依据

草莓黄萎病是轮枝孢属真菌（*Verticillium* spp.）从根部侵染，地上部表现症状的病害，草莓苗期发病叶片枯黄（图2-14），以开花坐果期发病最为严重。感染黄萎病发病初期，草莓病株外部叶片萎蔫下垂，叶缘或叶尖逐渐褪绿变黄，新叶扭曲，继而叶色由黄变褐，最后坏

图2-14　草莓黄萎病发病症状

死。随着病情发展，褪绿部位由外向内逐渐扩大，最后全株枯黄死亡。病株根茎横切面维管束褐色，并沿叶柄、果柄向上扩展，病轻时根部不腐败，病重时根部会发生腐烂，地上部分枯死。

草莓黄萎病病菌以菌丝体或厚垣孢子随病株残体在土壤中越冬，并可

在土壤中存活6~8年。病菌可通过带菌苗、带菌土壤、堆肥及其他寄主在不同地区间传播，田间则主要通过灌溉、降水和田间管理进行传播。草莓黄萎病病菌从根部伤口或幼根表皮、根毛侵入，在维管束内繁殖，向根系和地上部扩散，引起系统性发病。连作、土壤黏重、过湿或积水、偏施氮肥、地下害虫严重的地块较有利于发病。品种间感黄萎病差异较大。草莓黄萎病发病的最适条件为土壤温度20℃以上，气温23~28℃，而气温高于28℃时发病明显减少。开花坐果期长时间低于15℃低温，易于发生黄萎病。

（二）调查项目与方法

1. 发病系统观测

调查时间：草莓育苗至成熟期。

调查方法：选择有代表性的早、中、晚茬草莓主栽品种类型田，每个类型各2块（棚），每块田（棚）连续或跳跃选取有代表性草莓植株10株，进行定点定株调查，每隔5d调查1次，调查记载发病情况。病情分级标准为：0级：无病斑；1级：病斑面积占整个叶、柄、茎面积的5%以下；3级：病斑面积占6%~15%；5级：病斑面积占16%~35%；7级：病斑面积占36%~75%；9级：病斑面积占76%以上。计算发病率和病情指数，调查结果记入表2-12。

表2-12　草莓黄萎病发病情况调查记载

观测单位：_____　　调查地点：_____　　年份：_____

调查日期		观测地点	观测品种	调查面积(m²)	叶片(柄)发病情况				匍匐茎发病情况				备注
月	日				调查叶数	发病叶数	病叶率（%）	病情指数	调查茎数	发病茎数	病茎率（%）	病情指数	

2. 病情普查

调查时间：病害盛发期。

调查方法：选择有代表性的早、中、晚茬草莓主栽品种类型田，每个类型各3块（棚），每块田（棚）连续或跳跃选取有代表性植株20株，调查观测发病情况，计算发病率和病情指数，调查结果记入表2-12。

　　3.栽培管理和气象条件记载

　　调查记载草莓的种植品种、设施栽培、肥水管理情况，观察记载草莓主要生育期和气温、降水等情况，作为预测草莓黄萎病发生为害的重要依据。调查观测结果记入表2-13。

表2-13　草莓栽培管理和气象资料记载

观测单位：＿＿＿＿＿＿＿　　　调查地点：＿＿＿＿＿＿＿　　　年份：＿＿＿＿＿＿＿

调查日期		观测地点	设施栽培	栽培品种	管理措施	药剂防治	天气状况							备注
月	日						最高（℃）	最低（℃）	平均（℃）	降水（mm）	日照（h）	地表湿度	空气湿度	

（三）预测方法

　　草莓黄萎病的发生为害，受病原基数、栽培品种、连作轮作、肥水管理和气候条件等因素的综合影响。当病害常年发生重，菌源基数高，主栽品种抗病性弱，多年连作，土壤板结通透性差，偏施氮肥，病害有加重发生和流行的趋势。

二、绿色防控技术

（一）防控对策

　　草莓黄萎病是系统性侵染病害，应坚持预防为主、综合防治植保方针，以选用抗病品种、健身栽培为基础，辅以药剂防治，综合控制病害的发生为害。

（二）综合防治技术

　　1.选用抗（耐）病品种

　　田间调查表明，不同品种间，对黄萎病表现不同程度的抗病性，当前主栽品种如"章姬"等表现较强的抗性，欧系品种抗病性也较强。在草莓黄萎病发生为害区，应选用抗病性较强的品种，栽种无病健康的种苗，逐步减少感病品种种植。

2. 健身栽培

合理轮作，在重病区宜采用与葱蒜类或水稻等禾本科植物轮作，实行3年水旱轮作，减少土壤中的病菌。多施腐熟有机肥，避免偏施化学氮肥，少量多次施肥，勤浇水，保持温湿度适中，改善土壤的通透性。

3. 药剂防治

定植前用药剂进行土壤消毒，或于盛夏高温季节利用太阳能高温消毒，杀死病菌。定植时选用药剂沾根或灌根，可减少表土中病菌含量，有效降低黄萎病发病率。发现病株及时铲除，同时对周围土壤进行消毒。

第六节 草莓芽枯病

草莓芽枯病又称草莓立枯病、草莓烂心病，是草莓保护地栽培的主要病害之一，分布广泛。主要为害草莓植株嫩芽，也可侵染实生幼苗、新生叶、成长叶、花蕾、果柄和短缩茎。轻病株病部愈合后成为无心苗，重病株则全株枯死，急性发病时全株呈猝倒状死亡。除为害草莓外，还为害瓜类、豆类、棉花和蔬菜等多种作物。

一、草莓芽枯病的测报方法

（一）预测依据

1. 发病症状

草莓芽枯病为害幼苗引起立枯。嫩芽染病多发生在移栽后刚返青时，植株近地面部分出现无光泽褐色斑，后逐渐凹陷，并产生淡黄至浅褐色蛛丝状物，有时把数个叶芽缀连在一起，导致叶芽腐烂，表层覆盖黑褐色稠糊状物，最后干枯变黑。叶柄基部和托叶染病，病部干缩，叶柄挺立，小叶青枯倒垂。开花前花梗受害，花序无活力，逐渐青枯倒伏。花蕾和新叶染病后逐渐萎蔫青枯猝倒，后呈灰褐色，叶片不规则卷曲，干脆易碎，正面颜色深于背面；根和茎基部受害，皮层腐烂，地上部分干枯易拔起。果实染病，表面产生暗褐色不规则僵硬斑块，后全果干腐。植株被害枯死部位常有灰霉菌寄生，田间常与灰霉病混合发生。轻病株病部愈合后成为无心苗，部分可长出新蕾和新芽；重病株则全株死亡。急性发病时全株呈猝倒状死亡。

2. 发病流行规律

草莓芽枯病病菌为真菌半知菌亚门的立枯丝核菌（*Rhizoctonia solani* Kuhn），其有性世代为担子菌亚门薄膜革菌属的（*Pellicularia filamentosa*）。

该病原菌还能侵染蔬菜类的幼苗引起立枯病。病菌以菌核或菌丝体随植物病残体在土壤中越冬。在没有合适寄主和发病条件时，可在土壤中存活2~3年。以病苗、病土传播为主，草莓苗定植后受该菌侵染即可发病。夏季育苗季节，芽枯病也时有发生。

3.影响发病因素

（1）菌源条件。立枯丝核菌寄主范围广，在土壤中可以以腐生状态生存，存活时间较长，大田土壤带菌率较高。当草莓与其他作物套种、连作时，病苗、病土的进入会增加病菌的积累和传播几率。

（2）气候条件。病菌喜温暖潮湿环境，芽枯病发病最适温度为22~25℃。遇连续阴雨、低温潮湿天气易发病，寒流侵袭或高温等气候条件发病重。

（3）栽培管理。草莓栽植过深心叶易进土并湿度增加，植株密度过大，枝叶过于繁茂，会加重发病程度。保护地密闭时间长，通风不及时，温度高，湿度大，发病早而重。在草莓栽培多覆盖地膜，如长期密闭，棚内高温高湿更易发生。田间淹水或灌水过多，偏施氮肥容易导致病害的发生蔓延。草莓连作，或与茄科、瓜类、豆类、棉花等作物轮作，会导致病菌积累，加重发病。

（二）调查项目与方法

1.发病情况调查

调查时间：育苗期从3月定植返青至9月上旬；大棚草莓于移栽后至翌年4月上旬进行调查。

调查方法：育苗期根据当地主栽品种选定5个有代表性育苗田作为调查预测区，每个调查区选定5个观测点，每个观测点连续或跳跃选取有代表性植株10株，进行定点取样调查。大棚生产期在调查区选定5个大棚为观测点，每个观测点连续或跳跃选取有代表性植株10株，进行定点取样调查，每5d调查1次，主要调查植株发病情况，并进行病情分级：0级：无病；1级：叶片或花序局部发病，发病器官占整个植株地上部分比例的10%以下；3级：叶片或花序局部发病，发病器官占整个植株地上部分比例的11%~25%；5级：发病器官占整个植株地上部分比例的26%~50%，或心芽初发病可恢复；7级：叶片或花序局部发病，发病器官占整个植株地上部分比例的51%~75%，或心芽发病成无心苗而老叶基本正常；9级：发病器官占整个植株地上部分比例的51%~75%，或根和茎基部受害，全株死亡。计算发病率和病情指数。调查结果记入表2-14。

表2-14 草莓芽枯病发病情况调查记载

观测单位：_____ 调查地点：_____ 年份：_____

调查日期		观测点编号	观测品种	调查面积（m²）	发病情况								心芽或根茎发病情况		备注
月	日				调查株数	病株分级					病株率（%）	病情指数	发病部位	发病率（%）	
						1级	3级	5级	7级	9级					

2.栽培管理和气象条件记载

调查记载草莓设施栽培、种植品种、肥水管理和药剂防治情况，观察记载病害发生期的天气情况、大棚温（湿）度等，作为预测草莓芽枯病发生的重要依据。调查观测结果记入表2-15。

表2-15 草莓栽培管理和气象资料记载

观测单位：_____ 调查地点：_____ 年份：_____

调查日期		观测地点	设施栽培	栽培品种	管理措施	药剂防治	天气状况							备注
月	日						最高（℃）	最低（℃）	平均（℃）	降水（mm）	日照（h）	地表湿度	空气湿度	

（三）预测方法

草莓芽枯病的发生为害，受病原基数、栽植深度、连作轮作、肥水管理和气候条件等因素的综合影响。当病害常年发生重，菌源基数高，多年连作，连续阴雨、低温潮湿天气易发病，寒流侵袭或高温等气候条件，偏施氮肥，病害有加重流行的发生趋势。

二、绿色防控技术

（一）农业防治措施

建立无病苗繁育基地，推广基质育苗，不用病株作为母株繁殖草莓苗。合理密植，适当稀植；栽植深浅适度，做到浅不露根、深不埋心。及时摘除病叶和下部枯黄老叶，使通风透光良好；发现病苗及时控除，掌握调控好大棚湿度，合理灌水，浇水应安排在晴天上午，适时通风换气，防止棚内湿气滞留，尽量增加光照。现蕾前盖上黑色塑料地膜，可抑制病原菌丝体萌发，减少有效菌源。尽量避免在已发生过芽枯病的地方露地或棚室栽培草莓；长期连作的地方，要抓住夏季高温时段，利用太阳能进行棚室土壤的消毒灭菌，或使用棉隆、石灰氮进行土壤处理。

（二）药剂防治

草莓现蕾后喷施生长调节剂，促进草莓花芽生长，促进花芽伸离开地面，减少土壤中的病菌侵染。在病害发生初期可用1 000亿孢子/g枯草芽孢杆菌可湿性粉剂1 000倍液，或325g/L苯甲·嘧菌酯悬浮剂1 500倍液，或10％多抗霉素水剂600~800倍液，隔7d喷施1次，连续防治2~3次。

第七节 草莓红中柱根腐病

草莓红中柱根腐病又叫草莓红心根腐病，为冷凉潮湿环境下草莓的主要病害，草莓连续种植时间长的地区，发病偏重。草莓植株染病后生长发育受阻，矮化萎缩，严重的枯萎死亡，是影响草莓产量的重要因素。

一、草莓红中柱根腐病的测报方法

（一）预测依据

1. 发病症状

该病多发生于根系，侵染时间主要在苗移栽时期。草莓染病后，首先局部幼根尖端发暗变软，起初根系其他部分尚能生长和萌发新根，后期解剖根部可发现其根部的中柱呈红褐色腐烂（图2-15）。地上部分表现为草莓苗移栽定植返青、发生新根和新叶后，植株生长发育迟缓，

图2-15 草莓红中柱根腐病

呈矮化萎缩状，下部老叶边缘变紫红或紫褐色，逐渐向上扩展；渐渐叶片边缘微卷，叶尖萎蔫，逐渐整个叶片在中午萎蔫，翌日早晨恢复，反复3~5d后病情加重，全株倒伏萎蔫，直至枯萎死亡。因草莓品种与田间环境不同，病情发展进程差异很大。一般温度高土壤干燥透气时，根部红中柱症状并伴有植株矮化萎缩状态可持续数月；而土壤湿度高时红中柱症状出现后叶片即可萎蔫，数日后全株枯死。

2. 发病流行规律

此病由真菌卵菌纲霜霉目腐霉科疫霉属的草莓疫霉菌（*Phytophthora*

fragariae Hickman）引起。病菌以卵孢子长期存活在土壤中。春季，当土壤条件处于低温潮湿的时候，卵孢子萌发形成孢子囊，孢子囊中的游动孢子被释放到水饱和的土壤中后，经短距离游动到附近的草莓根尖或伤口侵入并定殖扩展，引发根系红色中柱的症状；部分游动孢子运动到土壤表面，通过病株、土壤或基质、雨水、灌溉或农事操作被扩散为害。

3.影响病害发生因素

（1）品种抗病性。不同草莓品种间发病差异大。据调查，"硕丽""鬼怒甘""丹莓二号"等草莓品种较抗病；而"章姬""丰香"等品种抗病性较差。

（2）土壤条件。草莓红中柱根腐病属土传病害，在连续栽培多年的地方容易发生。当土壤条件不合适时，病菌以卵孢子进入休眠，游动孢子不能活动难以侵染。一旦遇到田间积水、地势低洼、排水不良等凉湿条件，卵孢子就会再次萌发侵染。而地势较高、排水良好、透气好和土质疏松的土壤环境，或采用基质育苗或栽培，则不利于病害的发生。

（3）气候条件。病菌孢子囊生长与游动孢子的活动需要充足的水分，并借水和空气进行传播。当土壤中水分充足、温度适宜（一般4～25℃，最适7～15℃）时游动孢子活动能力强寿命长。因此多雨冷凉的气候条件会加速红中柱根腐病的病情发展。春秋多雨年份易发病。当地温高于25℃时病菌活动停止，即使湿度再大也不发病，已发病的病情发展停滞。

（4）田间管理。偏施氮肥，施用未腐熟有机肥，使草莓的抗性减弱。大水漫灌降低地温，土壤湿度增加，优化了病菌发生条件，从而增加土壤中病原菌的数量，促使草莓病害加重。中耕或蝼蛄、蛴螬等地下害虫发生，造成草莓根系伤口，则加重病害发生。

（二）调查项目与方法

1.发病情况调查

调查时间：草莓育苗田于3月定植返青后开始调查，大棚草莓于9月中旬移栽返青后至翌年4月上旬进行调查。

调查方法：育苗期和大棚草莓，分别根据当地主栽品种选定5个有代表性田块作为调查预测区，每个调查田选定5个观测点，每个观测点连续或跳跃选取有代表性植株20株，进行定点取样调查。每10d调查1次，调查发病情况，并进行病情分级：0级：无症状；1级：植株生长迟缓，下部1张老叶边缘变紫红色或紫褐色；3级：下部2张老叶边缘变紫红色或紫褐色；5级：部分叶片边缘微卷，叶尖萎蔫；7级：整个叶片在中午萎蔫，可恢复；9级：叶片等地上部器官变黄萎蔫倒塌或全株枯死。计算发病率和病情指数，调查结果记入表2-16。

表2-16 草莓红中柱根腐病发病情况调查记载

观测单位：_____ 调查地点：_____ 年份：_____

调查日期		观测点编号	观测品种	调查面积（m²）	调查株数	发病株数	病株分级					病株率（%）	病情指数	备注
月	日						1级	3级	5级	7级	9级			

2.病情普查

调查时间：病害盛发期。

调查方法：选择有代表性的早、中、晚茬草莓主栽品种类型田，每个类型各3块田（棚），每块田（棚）连续或跳跃选取有代表性植株100株，调查观测发病情况，计算发病率和病情指数，调查结果记入表2-16。

3.栽培管理和气象条件记载

调查记载草莓设施栽培、种植品种、肥水管理和药剂防治情况，观察记载病害发生期的天气情况、大棚温（湿）度等，作为预测草莓红中柱根腐病发生的重要依据。调查观测结果记入表2-17。

表2-17 草莓栽培管理和气象资料记载

观测单位：_____ 调查地点：_____ 年份：_____

调查日期		观测地点	设施栽培	栽培品种	管理措施	药剂防治	天气状况							备注
月	日						最高温（℃）	最低温（℃）	日平均（℃）	降水（mm）	日照（h）	地表湿度	空气湿度（%）	

（三）预测方法

草莓红中柱根腐病的发生为害，不仅受病原基数、栽培品种等因素影响，还与土壤、环境和气候条件、田间管理有关。若草莓抗性品种比例低，春秋气温偏低潮湿多雨，重茬率高，或地下害虫为害重，则有利于病害发生流行。

二、绿色防控技术

（一）防控对策

草莓红中柱根腐病是系统性侵染病害，应坚持预防为主、综合防治植保方针，以选择抗病品种和健身栽培为基础，辅以土壤消毒和药剂防治，综合控制病害的发生为害。

（二）绿色防治技术

1.选择优良抗病品种

加强抗病品种引选，如"鬼怒甘""硕丽""丹莓二号"等；选用无病虫的壮苗，加强苗床管理。

2.健身栽培

选择地势较高、排水良好、土壤透气好和土质疏松的田块。实施高垄栽培，建议垄高30~40cm，以便于排水。平衡施肥，增强植株抗性。避免大水漫灌。清洁田间园，及时无害化处理病株。

3.药剂防治

定植前用棉隆等药剂进行土壤消毒，或于盛夏高温季节利用太阳能高温消毒，杀死病菌。根据病情发生趋势预测，在初发病时，及时开展药剂防治。可喷洒16％多抗霉素可溶粒剂4 000~5 000倍液，或25％嘧菌酯悬浮剂1 500~2 000倍液，每隔4~7d喷施1次，连续防治2~3次。

第八节　草莓轮斑病

草莓轮斑病又称草莓褐色轮斑病、草莓"V"形褐斑病，为害广泛，我国各草莓产地普遍发生，个别地区发病严重，以草莓育苗地和露地栽培为害较重。感病田发病率一般为10％~30％，严重时可达70％以上。

一、草莓轮斑病的测报方法

（一）预测依据

1.发病症状

草莓轮斑病主要为害叶片、叶柄和匍匐茎，有时也侵害果实。发病初期，在叶面上产生紫红色小斑点，并沿着主脉逐渐扩大成近椭圆形的大病斑（图2-16）。病斑中心黄褐至灰褐色，周围黄褐色，边缘红色或紫红色，病斑上多有较明显的轮纹，后期密生黑褐色小斑点（即病菌分生孢子器），

图2-16　草莓轮斑病的为害症状

后期病斑扩展到叶片1/4~1/2大小，甚至连成一片，导致叶片枯死。病斑常沿着主脉扩展呈"V"字形，所以又称草莓"V"形褐斑病。叶柄和匍匐茎发病时，产生椭圆形紫黑色病斑，病斑略凹陷。

2.发病流行规律

草莓轮斑病病原菌为半知菌亚门球壳孢目的拟茎点霉属 *Phomopsis obscurans*。病菌以分生孢子器及菌丝体在土壤中的草莓病残体或病叶组织内越冬，为翌年的初侵染源。到翌年6—7月温湿度适宜时，越冬病菌产生大量分生孢子，随雨水溅射、气流和农事操作传播侵染，显症后病部又产生分生孢子进行再侵染，使病害迅速扩大蔓延。

3.影响发病因素

（1）品种抗病性。不同草莓品种对草莓轮斑病的抗性有较大差异。"章姬""乙蜊女""金明星""杜拉可"等品种抗病性较强。

（2）栽培管理。草莓重茬田菌源充足，受涝或整株淹没式灌溉田发病重。管理粗放老残叶多不能及时清理，或氮肥过量植株柔嫩或密度过大造成郁闭时易发病。

（3）叶龄及气候条件。该病喜温暖潮湿环境，发病最适温度为25~30℃。菌丝生长的最适温度为25℃，孢子萌发的最适温度为28℃，最适pH值是6，分生孢子的致死温度为50℃。当草莓叶片处于生长期并长时间保持湿润时最易受侵染。浙江及长江中下游地区6月中下旬梅雨季节温暖多雨，且草莓生长快，新出叶片多，这一时期发病尤为严重。一般夏秋季气温偏高，雨量偏多年份易发草莓轮斑病。

（二）调查项目与方法

1.发病情况调查

调查时间：草莓育苗田于5月初开始调查，大棚草莓于移栽后至翌年4月上旬进行调查。

调查方法：育苗期根据当地主栽品种选定5个有代表性育苗田作为调查预测区，每个调查区选定5个观测点，每个观测点连续或跳跃选取有代表性植株10株，进行定点取样调查。大棚生产期在调查区选定5个大棚为观测点，每个观测点连续或跳跃选取有代表性植株10株，进行定点取样调查，每5d调查一次，主要调查病叶、匍匐茎发病情况，并进行病情分级。病叶分级标准为：0级：无病斑；1级：病斑面积占整个叶片面积的5%以下；3级：病斑面积占6%～10%；5级：病斑面积占11%～25%；7级：病斑面积占26%～50%；9级：病斑面积占51%以上。叶柄与匍匐茎的病情分级标准为：0级：无病；1级：发病部出现浅红色和褪色晕圈或红褐色斑点，病斑平均长度≤2.0mm；3级：病斑沿叶柄或匍匐茎方向向两侧扩大呈椭圆形紫黑色略凹陷病斑，病斑平均长度在2.1～5.0mm；5级：出现典型的椭圆形病斑，病斑平均长度在5.1～9.0mm；7级：病斑扩大，平均长度为9.1～15.0mm；9级：叶柄或匍匐茎发病部呈紫黑色，发病叶柄的叶片或匍匐茎前部幼苗伴随出现萎蔫，病斑平均长度>15.0mm。计算发病率和病情指数。调查结果记入表2–18。

表2–18 草莓轮斑病发病情况调查记载

观测单位：_____ 调查地点：_____ 年份：_____

调查日期		观测点编号	观测品种	调查面积（m²）	叶片发病情况				叶柄或匍匐茎发病情况				备注
月	日				调查叶数	发病叶数	病叶率（%）	病情指数	调查数	发病数	发病率（%）	病情指数	

2.栽培管理和气象条件记载

调查记载草莓设施栽培、种植品种、肥水管理和药剂防治情况，观察记载病害发生期的天气情况、大棚温（湿）度等，作为预测草莓轮斑病发生的重要依据。调查观测结果记入表2–19。

表2–19 草莓栽培管理和气象资料记载

观测单位：_____ 调查地点：_____ 年份：_____

调查日期		观测地点	设施栽培	栽培品种	管理措施	药剂防治	天气状况							备注
月	日						最高温（℃）	最低温（℃）	日平均（℃）	降水（mm）	日照（h）	地表湿度	空气湿度（%）	

（三）预测方法

草莓轮斑病的发生为害，不仅受病原基数、栽培品种、田间管理和气候条件等因素影响，还与叶龄、叶片湿度有关。若新叶抽发期高温潮湿多雨，或整株淹没灌溉而导致叶片上有水膜时，则极易受侵染，特别是水膜持续越长，染病率越高。草莓轮斑病发病早、品种抗性弱、棚内高温高湿，偏施氮肥，疏叶、疏花不到位，群体密度大，则有利于病害发生流行。

二、绿色防控技术

（一）农业防治措施

选用优良抗病品种。选用连续3年以上，排灌、光照条件好的水田作育苗田，避免连作。合理密植，改善通风透光条件。合理配方施肥，施足优质基肥，避免偏施氮肥，促使植株健壮，提高自身抗逆能力。选择健壮无病植株作为育苗母株。大田生产采用无病健壮苗。清洁田园，长新叶期注意田间观察，及时发现并控制病情，及时摘除病叶、病茎，带出田外集中烧毁。

（二）药剂防治

发病初期可喷洒16％多抗霉素可溶粒剂4 000~5 000倍液，或25％嘧菌酯悬浮剂1 500~2 000倍液，每隔4~7d喷药1次，连喷2~3次。收获前7~10d停止喷药。

第九节　草莓褐角斑病

草莓褐角斑病又称草莓角斑病、草莓灰斑病。主要侵染草莓叶片，影响草莓光合作用和植株的生长发育，该病在我国南方草莓产区均有发生，是5—6月草莓苗期的主要病害之一。

一、草莓褐角斑病的测报方法

（一）预测依据

1.发病症状

草莓叶片初侵染处生多角形暗紫褐色病斑（图2-17），常从叶脉向两侧扩展，扩大后转为灰褐色，边缘色深，后期病斑深色或具轮纹。病斑直径多约5mm，多个病斑可连成大斑，影响叶片正常生长，发病重的植株矮缩，甚至枯死。

图2-17　草莓褐角斑病

2.发病流行规律

（1）流行过程。病原为半知菌亚门、叶点霉属的 *Phyllosticta fragaricola* Desm et Rob，属真菌。病菌通过分生孢子器在草莓病残体上及土壤中越冬。翌年春季温度上升，降水后产生分生孢子，通过气流、雨水、灌溉水传播侵染草莓叶片，并可多次再侵染。5—6月，长江中下游地区育苗田发病较重。

（2）病害流行成因。"美国6号"品种较感病，"宝交早生""全明星""新明星"等抗病性较强。连作地、前茬病重；或地势低洼，排水不良；或土质黏重，土壤偏酸易发病。栽植过密，株、行间透气透光差；偏施氮肥，植株过于嫩绿，虫伤多的易发病。种苗带菌，或有机肥腐熟不充分的易发病。气候温暖、多雨高湿，或温暖、干燥，干、湿交替易发病。

（二）调查项目与方法

1.发病情况调查

调查时间：育苗期从4月初至9月上旬；大棚草莓于移栽后至翌年4月上旬进行调查。

调查方法：育苗期根据当地主栽品种选定5个有代表性育苗田作为调查预测区，每个调查区选定5个观测点，每个观测点连续或跳跃选取有代表性植株10株，进行定点取样调查。大棚生产期在调查区选定5个大棚为观测点，每个观测点连续或跳跃选取有代表性植株10株，进行定点取样调查，每5d调查1次，主要调查病叶发病情况，并进行病情分级。病叶病级分类标准为：0级：无病斑；1级：每张复叶上有1~5个病斑，或病斑面积占整个复叶面积的5%以下；3级：每张复叶上有6~10个病斑，或病斑面积占6%~10%；5级：每张复叶上有11~20个病斑，或病斑面积占11%~25%；7级：每张复叶上有21~40个病斑，或病斑面积占26%~50%；9级：每张叶片上有41个或以上病斑，或病斑面积占51%以上。计算发病率和病情指数。调查结果记入表2-20。

表2-20　草莓褐角斑病发病情况调查记载

观测单位：＿＿＿＿＿　　　调查地点：＿＿＿＿＿　　　年份：＿＿＿＿＿

调查日期		观测点编号	观测品种	调查面积(m²)	叶片发病情况								其他部位发病情况		备注
---	---				调查叶数	病叶分级					病叶率(%)	病情指数	发病部位	发病率(%)	
月	日					1级	3级	5级	7级	9级					

2.栽培管理和气象条件记载

调查记载草莓设施栽培、种植品种、肥水管理和药剂防治情况，观察记载病害发生期的天气情况、大棚温（湿）度等，作为预测草莓褐角斑病发生的重要依据。调查观测结果记入表2-21。

表2-21　草莓栽培管理和气象资料记载

观测单位：＿＿＿＿＿　　　调查地点：＿＿＿＿＿　　　年份：＿＿＿＿＿

调查日期		观测地点	设施栽培	栽培品种	管理措施	药剂防治	天气状况							备注
---	---						---	---	---	---	---	---	---	
月	日						最高(℃)	最低(℃)	平均(℃)	降水(mm)	日照(h)	地表湿度	空气湿度	

（三）预测方法

草莓褐角斑病的发生为害，受栽培品种、病原基数、田间管理和气候条件等因素影响。若草莓褐角斑病菌源充足、栽培品种较感病、草莓长势弱、环境温暖高湿，则有利于病害发生。

二、绿色防控技术

（一）农业防治措施

清除田间及周边杂草；深翻灭茬，促使病残体分解，减少病、虫源。水旱轮作，或高温闷棚灭菌。选用生长势强，坐果率高的抗病品种，如"宝交早生""全明星""新明星"等。选用排灌方便的田块，高畦栽培，合理控制田间湿度。平衡施肥，培育壮苗，增强植株抗病力。发病时及时清除病叶、病株，并带出田外烧毁，病穴喷淋药液或撒施生石灰。

（二）药剂防治

药剂防治措施参照本章第八节"草莓轮斑病"相关内容。

第十节　草莓黑斑病

草莓黑斑病是草莓常见病害，我国各草莓产地均有发生。该病主要为害草莓叶、叶柄、茎和浆果，受害叶片、叶柄和茎部易折断，果实染病产生黑色病斑，严重影响草莓品质和产量。

一、草莓黑斑病的测报方法

（一）预测依据

1.发病症状

草莓叶片染病，在叶片上产生直径5~9mm的黑色近圆形病斑（图2-18），略有轮，病斑中央灰褐色，有灰色褐蛛网状霉层，病斑外围多有黄色晕圈。叶柄或匍匐茎染病，常产生褐色长椭圆形小凹斑，当病斑扩大，围绕一周后，因病部缢缩，叶柄或茎部干枯易折断。果实染病，果实上产生黑色病斑（图2-18），上有黑色霉层，病斑一般仅在皮层不深入果肉，贴地果发病较多。

图2-18　草莓黑斑病

2.发病流行规律

（1）流行过程。病原为半知菌亚门链格孢属的 *Alternaria alternate*（Fries）Keissler，属真菌。病菌以菌丝体在病株上或土表病残体上越冬。高温潮湿条件下产生菌丝或分生孢子侵染发病并重复再侵染。主要通过种苗、雨水等传播。

（2）病害流行成因。高温、高湿天气有利于草莓黑斑病发生，田间小气候潮湿易导致病害蔓延，重茬地发病较重。浙江及长江中下游地区发病盛期为6—8月，主要侵染苗圃秧苗。品种间"盛岗16号"较感病，"卡姆罗莎""甜查理""新明星""石梅4号"等较抗病。

（二）调查项目与方法

1.发病情况调查

调查时间：育苗期从5月初至9月上旬；大棚草莓于移栽后至翌年4月上旬进行调查。

调查方法：育苗期根据当地主栽品种选定5个有代表性育苗田作为调查预测区，每个调查区选定5个观测点，每个观测点连续或跳跃选取有代表性植株10株，进行定点取样调查。大棚生产期在调查区选定5个大棚为观测点，每个观测点连续或跳跃选取有代表性植株10株，进行定点取样调查，每5d调查1次，主要调查病叶发病情况，并进行病情分级。病叶病级分类标准为：0级：无病斑；1级：病斑面积（包括黄色晕圈）占整个复叶面积的5%以下；3级：病斑面积占6%~10%；5级：病斑面积占11%~25%；7级：病斑面积占26%~50%；9级：病斑面积占51%以上。计算发病率和病情指数。调查结果记入表2-22。

表2-22　草莓黑斑病发病情况调查记载

观测单位：_____　　调查地点：_____　　年份：_____

调查日期		观测点编号	观测品种	调查面积（m²）	叶片发病情况							其他部位发病情况		备注
					调查叶数	病叶分级					病叶率（%）	病情指数	发病部位	发病率（%）	
月	日					1级	3级	5级	7级	9级					

2.栽培管理和气象条件记载

调查记载草莓设施栽培、种植品种、肥水管理和药剂防治情况，观察记载病害发生期的天气情况、大棚温（湿）度等，作为预测草莓黑斑病发生的重要依据。调查观测结果记入表2-23。

表2-23 草莓栽培管理和气象资料记载

观测单位：_____ 调查地点：_____ 年份：_____

调查日期		观测地点	设施栽培	栽培品种	管理措施	药剂防治	天气状况							备注
月	日						最高（℃）	最低（℃）	平均（℃）	降水（mm）	日照（h）	地表湿度	空气湿度	

（三）预测方法

草莓黑斑病的发生为害，受病原基数、栽培品种、田间管理和气候条件等因素影响。若草莓黑斑病菌源充足、栽培品种较感病、草莓长势弱、环境高温高湿，则有利于病害发生。

二、绿色防控技术

（一）农业防治措施

选择抗病品种，如"甜查理""卡姆罗莎""新明星""石梅4号"等。田间及时摘除老叶病叶和病果，并无害化处理。倒茬后要彻底清洁园地，妥善处理残株和腐烂枝叶。科学肥水管理，增强植株抗病力。

（二）药剂防治

药剂防治措施参照本章第八节"草莓轮斑病"相关内容。

第十一节　草莓褐斑病

草莓褐斑病又称草莓假轮斑病、草莓叶枯病。是草莓生产上的重要病害之一，严重时可造成叶枯苗死，直接影响草莓生产。浙江地区该病主要发生在5—6月育苗田，以及9—10月定植后的返青期。

一、草莓褐斑病的测报方法

（一）预测依据

1.发病症状

主要为害幼嫩叶片。在嫩叶上病斑常从叶尖附近开始，沿中央主脉向叶基作"V"字形成"U"字形迅速发展，病斑褐色（图2-19），边缘浓褐色，病斑内可相间出现黄绿红褐色轮纹，最后病斑内全面密生黑褐色小粒状分生孢子堆。一般1张小叶上只有1个大斑，严重时从叶顶伸达叶柄，乃至全叶枯死。老叶上病斑初为紫褐色小斑，逐渐扩大呈褐色不规则形病斑，周围常呈暗绿或黄绿色。该病还可侵害果柄、花和果实，可使花萼和花柄褐腐，浆果干腐，病果坚硬呈褐色，外缠菌丝。

图2-19　草莓褐斑病发病症状

2.发病流行规律

（1）流行过程。草莓褐斑病病原为真菌子囊菌门、日规壳属的 *Gnomonia fructicola*（Arnaud）Fall。无性阶段为半知菌纲、壳霉目的草莓鲜壳孢 *Zythia fragariae* Laibach。病原菌以菌丝体和分生孢子器在病残体上越冬和越夏，春秋季产生子囊孢子和分生孢子，经风雨、农事操作传播扩散，进行多次侵染，使病害扩大蔓延。

（2）病害流行成因。草莓褐斑病是温暖高湿型病害，一般日平均温度17℃开始发病，病菌生长最适温度20~28℃。在保护地栽培和多阴湿天气有利于病害发生和传播，早春低温、寒冷、高湿、多雨或光照条件差易发病。露地草莓一般在春季花芽形成期和花期前后，遇潮湿多雨或大水漫灌时易流行。春季温暖高湿，多晴雨相间天气时有利于病害发生。气温在30℃以上时，此病极少发生。

草莓连作、前茬发生重，或地势低洼积水，排水不良，或土质黏重，土壤偏酸易发病。栽植过密，株间郁闭，光照不足，管理粗放，偏施氮肥，植株柔嫩，苗长势差，虫害伤多的易发病。大棚栽培遇连续阴雨，放风排湿不足，湿度过大时易发病。

"新明星""达娜"等品种比较抗病，"福羽""芳玉"发病重。

（二）调查项目与方法

1.发病情况调查

调查时间：育苗期从4月初至9月上旬；大棚草莓于定植后至翌年4月上旬进行调查。

调查方法：育苗期根据当地主栽品种选定5个有代表性育苗田作为调查预测区，每个调查区选定5个观测点，每个观测点连续或跳跃选取有代表性植株10株，进行定点取样调查。大棚生产期在调查区选定5个大棚为观测点，每个观测点连续或跳跃选取有代表性植株10株，进行定点取样调查，每5d调查1次，主要调查叶片等部位的发病情况，并进行病情分级。病叶病级分类标准为：0级：无病斑；1级：病斑面积占整个复叶面积的5%以下；3级：病斑面积占6%~10%；5级：病斑面积占11%~25%；7级：病斑面积占26%~50%；9级：病斑面积占51%以上。计算发病率和病情指数。调查结果记入表2-24。

表2-24 草莓褐斑病发病情况调查记载

观测单位：＿＿＿＿＿＿＿ 调查地点：＿＿＿＿＿＿＿ 年份：＿＿＿＿＿＿＿

调查日期		观测点编号	观测品种	调查面积（m²）	叶片发病情况								其他部位发病情况		备注
月	日				调查叶数	病叶分级					病叶率（%）	病情指数	发病部位	发病率（%）	
						1级	3级	5级	7级	9级					

2.栽培管理和气象条件记载

调查记载草莓设施栽培、种植品种、肥水管理和药剂防治情况，观察记载病害发生期的天气情况、大棚温（湿）度等，作为预测草莓褐斑病发生的重要依据。调查观测结果记入表2-25。

表2-25 草莓栽培管理和气象资料记载

观测单位：＿＿＿＿＿＿＿ 调查地点：＿＿＿＿＿＿＿ 年份：＿＿＿＿＿＿＿

调查日期		观测地点	设施栽培	栽培品种	管理措施	药剂防治	天气状况							备注
月	日						最高（℃）	最低（℃）	平均（℃）	降水（mm）	日照（h）	地表湿度	空气湿度	

（三）预测方法

草莓褐斑病的发生为害，受菌原基数、栽培品种、气候条件和田间管理等因素影响。若草莓褐斑病菌源充足、栽培品种较感病、草莓长势弱、环境温暖高湿，则有利于病害发生。

二、绿色防控技术

（一）农业防治措施

完善排灌沟渠，降低地下水位，及时清理沟系，做到雨停无积水，降低田间湿度。实行水旱轮作。清除田间及周边杂草，集中沤肥；深翻灭茬，促使病残体分解，减少病虫源。及时防治害虫，减少植株伤口。及时清除病株、病叶，并带出田外烧毁。忌大水漫灌或持续灌水，浇水时防止水滴溅上植株。大棚定植前以及倒茬后，彻底清除残株落叶，对棚膜、土壤以及架材等表面喷药消毒灭菌。大棚夏季休闲期，灌水盖膜闭棚，利用高温杀灭病源残虫。

（二）药剂防治

药剂防治措施参照本章第八节"草莓轮斑病"相关内容。

第十二节　草莓蛇眼病

草莓蛇眼病是草莓的主要病害之一，在草莓生产区，因多年连作造成草莓蛇眼病发生为害十分严重。一般种植年限短的棚室发病株率5%~10%，种植年限长的发病株率高达50%~90%，该病发生具有为害重、传染性强、难以控制等特点，给草莓种植者带来较大的经济损失。

一、草莓蛇眼病的测报方法

（一）预测依据

1.发病症状

草莓蛇眼病主要为害叶片，也可为害叶柄、果梗和浆果（图2-20）。为害叶片大多从外部叶和老叶开始，叶片受害初期，现褪绿斑点，并转为深紫红色的小圆斑，以后病斑逐渐发展成为中心为灰白色或灰褐色，周围紫褐色的圆形或近圆形斑，直径3~5mm，呈蛇眼状。湿度大时，病斑表面产生白色粉状霉层。发生严重时，病斑密布于叶片，或融合成大病斑，导致叶片枯死，从而影响植株生长和新生组织的形成。果实染病后，种子单粒或连片受害，被害种子及周围果肉变成黑色，失去商品价值。

图2-20　草莓蛇眼病的为害症状

2.发病流行规律

草莓蛇眼病病菌为半知菌亚门柱隔孢属杜拉柱隔孢 *Ramularia tulasnei*（R.fragariae Peck），有性世代为子囊菌亚门腔菌属草莓蛇眼小球壳菌 *Mycosphaerella fragariae*（Tul）Lindau。病菌以菌丝或分生孢子在病叶或病残体上越冬，或以菌核或子囊壳越冬。翌年春季产生分生孢子或子囊孢子借气流传播并初次侵染，后病部产生分生孢子进行再侵染。病苗和表土上的菌核是主要的传播体。

3.影响病害发生因素

（1）品种抗病性。蛇眼病为草莓的常发病害，虽然没有对蛇眼病免疫的草莓品种，但不同品种对蛇眼病的抗性存在较大差异。据调查试验，草莓部分品种从抗病到感病的顺序依次为："千代田""长白""绥陵7号""鬼怒甘""章姬""丰香""宫本7号""宝交早生""明宝""久留米"。充分利用草莓抗病品种资源，选育抗病的优良品种是防治草莓蛇眼病的重要途径。

（2）栽培管理。重茬田、土壤黏重偏酸、排水不良的潮湿地块或植株生长势弱的田块，以及种植密度大、管理粗放、氮肥施用量过多、施用未充分腐熟的有机肥的大棚或育苗田中，草莓蛇眼病发病较重。

（3）气候条件。温暖潮湿的环境可导致蛇眼病的发生和流行。病菌发育温度7~25℃，最适生长温度为18~22℃，低于7℃或高于23℃不利于发病，分生孢子器的形成和分生孢子萌发适温23~25℃，最高33~35℃，最低2~4℃，适宜相对湿度95%~100%。浙江及长江中下游地区，当初夏和秋季多阴雨天气，光照不足时，发病严重。

（二）调查项目与方法

1.发病情况调查

调查时间：育苗期从5月初至9月上旬；大棚草莓于移栽后至翌年4月上旬进行调查。

调查方法：育苗期根据当地主栽品种选定5个有代表性育苗田作为调查预测区，每个调查区选定5个观测点，每个观测点连续或跳跃选取有代表性植株10株，进行定点取样调查。大棚生产期在调查区选定5个大棚为观测点，每个观测点连续或跳跃选取有代表性植株10株，进行定点取样调查，每5d调查一次，主要调查病叶发病情况，并进行病情分级：0级：无病斑；1级：每张复叶上有1~4个病斑，或病斑面积占整个复叶面积的5%

以下；3级：每张复叶上有5~9个病斑，或病斑面积占6%~10%；5级：每张复叶上有10~19个病斑，或病斑面积占11%~25%；7级：每张复叶上有20~39个病斑，或病斑面积占26%~50%；9级：每张叶片上有40个以上病斑，或病斑面积占51%以上。计算发病率和病情指数。调查结果记入表2-26。

表2-26 草莓蛇眼病发病情况调查记载

观测单位：＿＿＿＿＿＿　　调查地点：＿＿＿＿＿＿　　年份：＿＿＿＿＿＿

调查日期		观测点编号	观测品种	调查面积(m^2)	叶片发病情况								其他部位发病情况		备注
					调查叶数	病叶分级					病叶率（%）	病情指数	发病部位	发病率（%）	
月	日					1级	3级	5级	7级	9级					

2.栽培管理和气象条件记载

调查记载草莓设施栽培、种植品种、肥水管理和药剂防治情况，观察记载病害发生期的天气情况、大棚温（湿）度等，作为预测草莓蛇眼病发生的重要依据。调查观测结果记入表2-27。

表2-27 草莓栽培管理和气象资料记载

观测单位：＿＿＿＿＿＿　　调查地点：＿＿＿＿＿＿　　年份：＿＿＿＿＿＿

调查日期		观测地点	设施栽培	栽培品种	管理措施	药剂防治	天气状况							备注
月	日						最高（℃）	最低（℃）	日平均（℃）	降水（mm）	日照（h）	地表湿度	空气湿度	

（三）预测方法

草莓蛇眼病的发生为害，受病原基数、栽培品种、田间管理和气候条件等因素影响。若草莓蛇眼病菌源充足、栽培品种较感病、草莓长势弱、环境适温高湿，则有利于病害发生。

二、绿色防控技术

（一）农业防治措施

1.选择抗病品种

不同品种对草莓蛇眼病的抗病性有很大差异。选择抗病性较强的优良草莓品种，可以显著降低后期防治压力。目前生产中栽培抗性较强的品种有"新明星""丰香""章姬"等。大田定植时要壮苗移栽，剔除病弱苗，增强草莓苗株抵抗力。

2.合理轮作换茬

由于草莓蛇眼病病菌在土壤中存活时间可达3~5年，重茬栽培发病率高。育苗田间隔时间应在3年以上，最好与水稻等水生作物轮作，以最大限度降低土壤中的菌源基数，减少侵染源。大田实行水稻、草莓轮作制度。

3.清洁田园

及时摘除病叶、老叶、枯叶，改善通风透光条件；倒茬后清洁田园，将残株病叶集中销毁，减少初浸染来源。对棚室材料等表面进行喷药消毒灭菌。在夏季休闲期，棚内灌水地面覆膜，闭棚10d以上，利用太阳能高温灭菌。

4.科学肥水管理

采用测土配方施肥技术，增施有机肥，施用的有机肥要充分腐熟，不偏施氮肥，适当增施磷、钾肥，避免引起植株旺长，增强植株抗病力，减轻发病。

（二）药剂防治

根据田间发病情况调查和趋势预测，在病害发生初期做好药剂防治工作。药剂防治措施参照本章第八节"草莓轮斑病"相关内容。

第十三节　草莓菌核病

草莓菌核病是草莓生产上的主要病害之一。该病主要为害草莓叶片、花柄、花瓣、果实，还可为害十字花科、葫芦科、豆科、茄科以及浆果类等植物。草莓菌核病在草莓生长期都会发病，以盛花期最易染病，重病株花柄、基部枯萎腐烂，易折断，严重影响草莓产量。

一、草莓菌核病的测报方法

（一）预测依据

1. 发病症状

草莓的各生长期都会发生菌核病，但以盛花期最易染病。病部初为水渍状斑点，呈淡褐色，并逐渐扩大，形状不规则，有时有不明显的轮纹。湿度高时，病部软腐，表面生有白色棉絮状菌丝；湿度低时则呈干腐状，后病部可形成黑色鼠粪状菌核（图2-21）。重病株基部长满棉絮状菌丝，叶片枯萎腐烂，花轴缢缩干枯。

图2-21　草莓菌核病发病症状

2.发病流行规律

（1）流行过程。草莓菌核病病原为真菌界、子囊菌门、核盘菌属球壳菌目的 *Sclerotinia sclerotiorum* (Lib.)de Bary，属真菌。菌核无休眠期，在条件适宜时萌发产生蘑菇状子囊盘，喷射出大量子囊孢子，经空气传播侵染草莓发病；或由菌核产生菌丝直接进行侵染和蔓延。病菌寄生性较弱，多通过寄主衰败组织或伤口侵入。盛花期花瓣最易染病，并蔓延到果实；或发病花瓣飘落或接触到叶片、花柄等部位后，其上的菌丝随即侵入，导致植株发病。田间菌核在夏季浸水3~4个月后死亡，而在旱地的土表层能存活2~3年。病害可通过病株、病残体、土壤传播。

（2）病害流行成因。

①气候条件：草莓菌核病菌属低温性病害，发病适温为10~15℃，当连续几天气温低至10℃以下，茎叶上有露水凝结，寄主抵抗力下降时，发病明显加重。江南地区冬春季草莓盛花期遇连阴雨天气，棚室内低温高湿，有利于病害发生。

②栽培管理：草莓连作、前茬发病重、土壤带菌量大；或地势低洼，排水不良；或土质黏重，土壤 pH 值偏低；或种苗带菌，或有机肥未充分腐熟的易发病。种植过密，虫伤、老、病叶多，田间郁闭；或偏施氮肥，植株过嫩的易发病。棚室放风、排湿不足，湿度过大的易发病。

（二）调查项目与方法

1.发病情况调查

调查时间：大棚草莓于移栽后至翌年4月上旬进行调查。

调查方法：根据当地主栽品种选定5个有代表性大棚为观测点，每个观测点连续或跳跃选取有代表性植株20株，进行定点取样调查，每5d调查1次，主要调查植株发病情况，发病部位。计算发病率。调查结果记入表2-28。

表2-28　草莓菌核病发病情况调查记载

观测单位：_____　　　调查地点：_____　　　年份：_____

| 调查日期 | | 观测点编号 | 观测品种 | 调查面积（m²） | 调查株数 | 病株数 | 各发病部位株数 | | | | | | | | 备注 |
月	日						叶片发病	发病率（%）	花序发病	发病率（%）	果实发病	发病率（%）	植株基部发病	发病率（%）	

2.栽培管理和气象条件记载

调查记载草莓设施栽培、种植品种、肥水管理和药剂防治情况，观察记载病害发生期的天气情况、大棚温（湿）度等，作为预测草莓菌核病发生的重要依据。调查观测结果记入表2-29。

表2-29　草莓栽培管理和气象资料记载

观测单位：_____　　　调查地点：_____　　　年份：_____

| 调查日期 | | 观测地点 | 设施栽培 | 栽培品种 | 管理措施 | 药剂防治 | 天气状况 | | | | | | | 备注 |
月	日						最高（℃）	最低（℃）	平均（℃）	降水（mm）	日照（h）	地表湿度	空气湿度	

（三）预测方法

草莓菌核病的发生为害，受气候条件、病原基数、连作轮作和肥水管理等因素的综合影响。当病害前茬发生重，菌源基数高，多年连作，偏施氮肥，草莓花果期连续阴雨、天气低温潮湿时病害有加重流行的发生趋势。

二、绿色防控技术

防治草莓菌核病应以预防为主，针对发生为害特点采取综合防治措施，可取得较好的防治效果。

（一）农业防治措施

选用排灌方便的田块种植草莓。高畦栽培，降低地下水位，深开排水沟，并随时清理沟系，达到雨停无积水，防止湿气滞留。水旱轮作，避免与菌核病的其他寄主轮作；长期连作的地方，抓住夏季高温时段，灌足水浸泡，促使病残体分解，并利用太阳能进行棚室土壤的消毒灭菌，或使用棉隆、石灰氮进行土壤处理。培育无病苗，推广基质育苗，杜绝苗土带菌。合理密植，适当稀植；栽植深浅适度。及时摘除病叶和下部枯黄老叶，使通风透光良好；及时防治害虫，减少植株伤口，减少病菌传播途径；发现病苗及时连土一起挖出无害化处理；掌握调控好湿度，合理灌水。适时通风换气，防止棚内湿气滞留，尽量增加光照。施用充分腐熟的有机肥，不用带菌肥料。

（二）药剂防治

发病初期，选用50％啶酰菌胺水分散粒剂1 000倍液，对草莓植株喷粗雾，间隔5~7d，连续用药2~3次，果实采收前10d停止用药。

第十四节　草莓青枯病

草莓青枯病为细菌性病害，病菌主要侵害植株维管束组织，为害草莓的根茎和匍匐茎。浙江省及长江流域以南草莓栽培区均有发生，多见于夏秋高温季节的保护地大田定植初期及育苗圃。发病轻的，叶片凋萎脱落，植株发育不良，发病重的，叶片失水似烫伤状，植株萎蔫，整株枯死，严重影响草莓产量。

一、草莓青枯病的测报方法

（一）预测依据

1. 发病症状

草莓青枯病主要为害草莓的根茎和匍匐茎（图2-22）。初发病时，草莓植株下位叶1~2片凋萎脱落，叶柄变为紫红色，植株发育不良。随着病情加重，部分叶片突然失水，下垂似烫伤状，呈绿色萎蔫，烈日下更为严重，夜间或雨天可恢复。反复数天后整株枯死，而叶片仍保持绿色。将病株根茎部横切，导管变成褐色，湿度高时可挤出乳白色菌液。严重时根部变色腐烂。

图2-22　草莓青枯病发病症状

2.发病流行规律

草莓青枯病由细菌青枯假单胞杆菌 *Pseudomonas solanacearum* E.F.Smith 侵染所致。病菌属土壤习居菌，腐生能力强，可在土壤中长期存活，也可在草莓等寄主植株上或随病残体在土壤中越冬，通过土壤、下雨和浇水或农事操作传播。病菌常从根系伤口侵入，在植株维管束中定植繁殖，沿维管束向上、下蔓延扩散为害，产生毒素物质和侵填体，使导管堵塞并变褐腐烂，影响水分和养分向上传导，引起植株上部萎蔫。病菌具潜伏侵染特性，从伤口侵入时，潜伏期有的可长达10个月以上。病原细菌寄主范围广，还可感染番茄、马铃薯、大豆等30多科100多种植物，以茄科作物最感病。

3.影响发病因素

（1）栽培管理。草莓连作地、地势低洼、排水不良的田块病菌易积累和长期存活，且植株活力差抗性弱，发病较重。前茬为番茄、辣椒、茄子和马铃薯等茄科作物的田块易发病。大水漫灌、串灌，带病草莓苗的异地转运等会加速病害的扩散传播。

（2）气候条件与土壤环境。草莓青枯病病菌喜高温潮湿环境，病菌发育温度范围10~40℃，最适温度30~37℃。在温度为35℃，pH值为6.6的微酸土壤环境中最适发病。浙江及长江中下游的发病盛期在6—8月的苗圃期和9月中下旬草莓定植初期，常与炭疽病混合发生。连续阴雨或大雨后转晴，高温转阵雨或抗旱浇水，表层土壤高温高湿时，容易导致青枯病严重发生。

（二）调查项目与方法

1.发病系统监测

调查时间：草莓育苗圃定植后至起苗，生产大田定植后至倒茬。

调查方法：选择有代表性的早、中、晚茬草莓主栽品种类型田，每个类型各2块田（棚），每块田（棚）连续或跳跃选取有代表性植株100株，进行定点定株调查，每隔5d调查1次，调查记载发病情况。病情分级标准为：0级：无症状；1级：植株发育不良，叶柄变为紫红色，上部叶片正常；3级：下位叶1~2片凋落，上部叶片正常；5级：部分叶片萎蔫，可恢复；7级：全部叶片萎蔫，可恢复；9级：全株不可逆青枯。计算发病率和病情指数，调查结果记入表2-30。

表2-30　草莓青枯病发病情况调查记载

观测单位：_____　　　调查地点：_____　　　年份：_____

调查日期		观测点编号	观测品种	调查面积(m²)	调查株数	发病株数	病株分级					病株率(%)	病情指数	备注
月	日						1级	3级	5级	7级	9级			

2.病情普查

调查时间：病害盛发期

调查方法：选择有代表性的早、中、晚茬草莓主栽品种类型田，每个类型各3块田（棚），每块田（棚）连续或跳跃选取有代表性植株100株，调查观测发病情况，计算发病率和病情指数，调查结果记入表2-30。

3.栽培管理和气象条件记载

调查记载草莓的种植品种、设施栽培、肥水管理情况，观察记载草莓主要生育期和气温、降水等情况，作为预测草莓青枯病发生为害的重要依据。调查观测结果记入表2-31。

表2-31　草莓栽培管理和气象资料记载

观测单位：_____　　　调查地点：_____　　　年份：_____

调查日期		观测地点	设施栽培	栽培品种	管理措施	药剂防治	天气状况							备注
月	日						最高(℃)	最低(℃)	平均(℃)	降水(mm)	日照(h)	地表湿度	空气湿度	

（三）预测方法

草莓青枯病的发生为害，受病原基数、连作轮作、肥水管理和气候条件等因素的综合影响。当病害常年发生重，菌源基数高，多年连作，地势低洼排水不畅，土壤板结通透性差，偏施氮肥，病害有加重流行的发生趋势。

二、绿色防控技术

（一）防控对策

草莓青枯病是系统性侵染病害，应坚持预防为主、综合防治植保方针，以水旱轮作、健身栽培为基础，辅以土壤消毒和药剂防治，综合控制病害的发生为害。

（二）绿色防治技术

1.合理轮作

实行水旱轮作，避免在连作地育苗，切忌与茄科作物轮作。在重病区与葱蒜类或水稻等禾本科作物轮作，最好是实行3年水旱轮作，降低土壤中的菌源基数。

2.健身栽培

提倡营养钵或基质育苗，减少根系创伤；高畦深沟，适时排灌，防止积水，防止土壤过干过湿；合理密植，及时摘除病叶老叶，增强通风透光条件；加强肥水管理，施用充分腐熟的有机肥或草木灰，调节土壤pH值。多施腐熟有机肥，避免偏施化学氮肥，少量多次施肥，勤浇水，保持温湿度适中，改善土壤的通透性。

3.药剂防治

定植前用棉隆等药剂进行土壤消毒，或于盛夏高温季节利用太阳能高温消毒，杀死病菌。发现病株及时铲除，同时用生石灰对周围土壤进行消毒。发病初期开始喷洒或灌100亿芽孢/克枯草芽孢杆菌可湿性粉剂1 000倍液，隔7~10d防治1次，连续防治2~3次。

第十五节　草莓病毒病

草莓病毒病是草莓上常发性病害，分布范围广，具有潜伏侵染的特性，受感染后植株不会立即表现症状，在生产上常被忽视。据调查，受害轻时病株一般减产21%~25%，受两种以上病毒侵染的重病株可减产36%~75%，甚至绝收。

一、草莓病毒病的测报方法

（一）预测依据

1.发病症状

草莓受单种病毒侵染，症状往往不明显，主要表现为长势衰弱、性状退化，植株矮化，新叶不能充分展开，叶片小且无光泽，结果少，果形小，畸形果多，产量降低。被两种以上病毒复合侵染后，受侵染病毒种类组合不同，症状表现也不同。据报道，可侵染草莓的病毒有62种，其中常见的有：草莓斑驳病毒（SMOV）、草莓轻型黄边病毒（SMYEV）、草莓皱缩病毒（SCrV）、草莓镶脉病毒（SVBV）4种。

（1）草莓斑驳病毒。该病毒单独侵染时，草莓无明显症状，但长势衰弱，果实产量降低，品质变劣。与其他病毒复合侵染时，可致病株严重矮化，叶片变小，叶片皱缩扭曲，产生褪绿斑。该病毒分布极广，几乎有草莓栽培的地方，就有该病毒病发生。

（2）草莓轻型黄边病毒。该病毒多与斑驳、皱缩、镶脉病毒混合发生，当单独侵染时，草莓植株稍矮化；复合侵染时引起草莓植株长势锐减，叶片黄化或边缘失绿，老叶变红，幼叶缘不规则上卷，成熟叶片产生坏死条斑，叶脉下弯或坏死、扭曲，叶柄短缩，产量和果实品质严重下降，减产可高达75%，严重时全株死亡。

（3）草莓镶脉病毒。单独侵染时无明显症状，导致生长衰弱、匍匐茎量减少、产量和品质下降。复合侵染后叶脉扭曲，叶片皱缩，小叶向下反卷，同时沿叶脉形成黄色或紫色斑，叶柄也有紫色病斑，植株极度矮化，匍匐茎发生量明显减少，产量和品质严重下降。成熟叶片网脉变黑或坏死。后期病株部分或全株枯死。

（4）草莓皱缩病毒。该病毒的不同株系之间，存在致病力差异。病毒弱毒株系单独侵染草莓时，匍匐茎发生量减少，结果减少，果实变小；强毒株系侵染草莓后，除上述症状外，还可使植株明显矮化，叶片扭曲变形，产生不规则黄色斑点，一般减产35%～40%。与斑驳病毒等其他病毒复合侵染时，草莓植株严重矮化，大幅度减产，甚至绝收。

2.发病流行规律

（1）流行过程。草莓病毒病分布极广。据研究分析表明，我国草莓主要栽培品种均已受上述四种病毒的侵染，总侵染率达81.5%。其中单病毒侵染率为48.2%，两种以上病毒复合侵染率为33.3%，4种病毒的检出率分别为：草莓斑驳病毒58%、草莓轻型黄边病毒30.9%、草莓皱缩病毒22.2%、草莓镶脉病毒18.5%。不同地区病毒分布状况有差异；同一地区不同品种或同一品种所在地区不同，草莓的带毒状况也有较大差异。

病毒主要在草莓种株上越冬，均可通过蚜虫或其他具刺吸式口器的昆虫和土壤线虫等进行传播，也可通过嫁接、菟丝子传播，但不能通过种子或花粉传染。草莓斑驳病毒属非持久型蚜传病毒，蚜虫得毒和传播时间极短，仅为数分钟；草莓轻型黄边病毒蚜虫为持久性传播；草莓镶脉病毒传毒的蚜虫具有传毒专化性，不同种的蚜虫只能传播镶脉病毒的不同株系，传毒蚜虫有10多种，均为半持久性传毒；草莓斑驳病毒还可通过汁液机械传染，另三种则不能。草莓轻型黄边病毒，接毒15～30d后表现症状。

（2）病害流行成因。这些病毒单独侵染一些草莓栽培品种时并无明显的症状，容易被忽视。病毒病的发生程度一般与草莓栽培年限成正比，品种间抗性有差异，且品种抗性易退化。草莓以无性繁殖为主，病毒一旦传播到草莓种苗上，就会随着草莓苗的繁育而扩展蔓延，从而越来越严重地影响草莓的生长、繁殖和结果。通过蚜虫等的交叉传毒侵染，加速了病毒的扩散和复合病毒侵染的形成。草莓病毒侵染与桃蚜等蚜虫的发生有关，病毒侵染盛期与相关蚜虫的虫口密度关系密切。重茬地土壤中积累了数量更多的传毒线虫及昆虫，发生加重。草莓种苗跨区调运是病毒病的远距离传播的重要途径。

（二）调查项目与方法

1.发病情况调查

春、夏草莓繁苗期是草莓病毒病扩展蔓延主要时期，也是草莓病毒病防控的关键时期。因此，草莓病毒病的监测重点是育苗期。

调查时间：育苗期从4月定植返青至9月上旬；大棚草莓于移栽后至翌年4月上旬进行调查。

调查方法：育苗期根据当地主栽品种选定5个有代表性育苗田作为调查预测区，每个调查区选定5个观测点，每个观测点连续或跳跃选取有代表性植株20株，进行定点取样调查。大棚生产期在调查区选定5个大棚为观测点，每个观测点连续或跳跃选取有代表性植株20株，进行定点取样调查，每10d调查一次，主要调查植株发病情况，并进行病情分级。病级分类标准为：0级：无病；1级：植株生长衰弱、匍匐茎量减少、产量和品质下降；3级：植株明显矮化，叶片叶脉扭曲，产生斑点与斑驳；5级：植株矮化、减产50％以上，或病株50％以上或全株枯死。计算发病率和病情指数。调查结果记入表2-32。

表2-32 草莓病毒病发病情况调查记载

观测单位：_____ 调查地点：_____ 年份：_____

调查日期		观测点编号	观测品种	调查面积（m²）	发病情况					备注
月	日				调查株数	病株分级			病株率（％）	病情指数	
						1级	3级	5级			

2.蚜虫发生及成虫迁移情况调查

参考"第三章第二节草莓蚜虫"的蚜虫发生情况调查及成虫监测。

3.栽培管理和气象条件记载

调查记载草莓设施栽培、种植品种、肥水管理和药剂防治情况，观察记载病害发生期的天气情况、大棚温（湿）度等，作为预测草莓病毒病发生的重要依据。调查观测结果记入表2-33。

表2-33 草莓栽培管理和气象资料记载

观测单位：_____ 调查地点：_____ 年份：_____

调查日期		观测地点	设施栽培	栽培品种	管理措施	药剂防治	天气状况							备注
月	日						最高（℃）	最低（℃）	平均（℃）	降水（mm）	日照（h）	地表湿度	空气湿度	

（三）预测方法

草莓病毒病的发生为害，受种苗带毒率、种苗来源、蚜虫发生及成虫迁移、连作轮作、田间管理和气候条件等因素的综合影响。当种苗带毒率高，种苗来源复杂，病害常年发生重，病毒病菌源基数高，蚜虫发生量大，多年连作，土壤消毒率低，夏秋季高温干旱，偏施氮肥等，病害有加重流行的趋势。

二、绿色防控技术

草莓病毒病主要是由蚜虫传播为害，植株本身带毒也是病毒病的主要传播途径。采用综合措施切断病毒来源，是防治草莓病毒病的重要方法。

（一）农业防治措施

选用无病毒健壮母株，培育无毒种苗。以草莓杂交种子育苗，以新品种替代老品种，培育优良的新品种无毒苗。采用草莓茎尖组织培养脱毒，建立无病毒种苗培育供应体系，发放无病毒种苗母株。引种时严格剔除病种苗，不从重病区引种。加强田间检查，发现病株立即拔除并销毁。

（二）药剂防治

做好草莓蚜虫的防治。参考"第三章第二节草莓蚜虫"中的防治要点。在定植返青后或发病初期，选用对口药剂，配合喷施芸苔素内酯，有较好的防治效果。

第十六节 草莓根结线虫病

草莓根结线虫病是由根结线虫引起的病害，不但为害草莓，还可为害粮油、果蔬、棉麻、茶桑、林木等数百种植物。一般在连作地容易发生，草莓植株生长不良，果实发育缓慢，严重时萎蔫死亡，对草莓产量和品质影响较大。

一、草莓根结线虫病的测报方法

（一）预测依据

1. 发病症状

该病主要为害根系。受害植株须根和毛根上产生瘤状根结，根结大小不等（图2-23）。剖开根结可见内有细小的乳白色虫体；病株根系不发达，整个根系形成须根团如乱发状。植株地上部生长不良，生长缓慢；基部叶片叶缘焦枯，老叶提前变黄脱落；病株开花迟，果实发

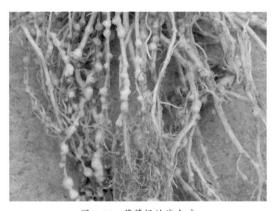

图2-23 草莓根结线虫病

育慢、个头小、成熟晚。病情严重时出现干旱状萎蔫，逐渐干枯死亡。

2. 发病流行规律

（1）流行过程。病原为植物病原线虫南方根结线虫 *Meloidogyne incognita* 等多种根结线虫。线虫主要以卵和2龄幼虫越冬。当春季土壤温湿度合适时卵孵化为幼虫，并与越冬幼虫在土壤中活动，从寄主根端侵

入，引起薄壁细胞增生，形成凸起的瘤状虫瘿。线虫在虫瘿内从寄主根系汁液中获取营养，经过5龄期的生长发育后变成成虫。成虫交配产卵后雌虫死亡，雄虫转至其他虫瘿继续与雌虫交配。卵在土壤中孵化为幼虫，侵入新根继续为害繁衍。草莓苗期和成株期为最适感病生育期，发病潜育期为15~45d。

（2）病害流行成因。根结线虫幼虫生长发育的最适土温为25~30℃，10℃以下时停止活动，超过55℃时死亡；幼虫侵入最适土壤湿度为40%~70%，20%以下或90%以上的土壤湿度都不利于其侵入。浙江地区草莓根结线虫病的发病盛期在6—10月，一般夏秋季阶段性降水多的年份发病重。根结线虫多分布在近土表20cm以内的土层中，以3~10cm土层内最多。地势高、不积水、质地疏松透气、湿度适宜、含盐分低的沙壤土适合根结线虫的发生，黏重土壤发病较轻；重茬地发病重，轮作地发生轻，水旱轮作可有效控制病害发生。土壤、种苗、粪肥、流水以及人畜、农机具的沾带，均是根结线虫的传播途径，可导致该病传播蔓延。高温季节25~30d发生1代，1年可发生数代。

（二）调查项目与方法

1.发病情况调查

调查时间：育苗期从4月定植返青至9月上旬；大棚草莓于移栽后至翌年4月上旬进行调查。

调查方法：育苗期根据当地主栽品种选定5个有代表性育苗田作为调查预测区，每个调查区选定5个观测点，每个观测点连续或跳跃选取有代表性植株20株，进行定点取样调查。大棚生产期在调查区选定5个大棚为观测点（如有老病田，则可选1~2块），每个观测点连续或跳跃选取有代表性植株20株，进行定点取样调查，每5d调查1次，主要调查植株发病情况，并进行病情分级。病级分类标准为：0级：无病；1级：叶片无光泽，似缺水、缺肥状，生长缓慢；3级：基部叶片叶缘焦枯或红褐色，老叶提前变黄脱落；5级：植株出现干旱状萎蔫，或半株以上干枯死亡。计算发病率和病情指数。调查结果记入表2-34。

表2-34　草莓根结线虫病发病情况调查记载

观测单位：_____　　　调查地点：_____　　　年份：_____

调查日期		观测点编号	观测品种	调查面积（m²）	发病情况						备注
月	日				调查株数	病株分级			病株率（％）	病情指数	
						1级	3级	5级			

2.栽培管理和气象条件记载

调查记载草莓设施栽培、种植品种、肥水管理和药剂防治情况，观察记载病害发生期的天气情况、大棚温（湿）度等，作为预测草莓根结线虫病发生的重要依据。调查观测结果记入表2-35。

表2-35　草莓栽培管理和气象资料记载

观测单位：_____　　　调查地点：_____　　　年份：_____

调查日期		观测地点	设施栽培	栽培品种	管理措施	药剂防治	天气状况							备注
月	日						最高（℃）	最低（℃）	平均（℃）	降水（mm）	日照（h）	地表湿度	空气湿度	

（三）预测方法

草莓根结线虫病的发生为害，受线虫基数、连作轮作、种苗调运、肥水管理和气候条件等因素的综合影响。当病害常年发生重，线虫基数高，多年连作，夏秋季阶段性降水多天气易发病，外地调入种苗比例高，检疫不到位，则病害有加重的趋势。

二、绿色防控技术

根结线虫病是难防治的病害，一旦发生，则防治成本较高，且很难根治。因此防治根结线虫病应以预防为主，针对其发生为害特点采取综合防治措施，才能取得较好的防治效果。

（一）农业防治措施

1.选用抗病品种

如"丰香""佐贺99""新明星""甜查理"等。

2.选用无病壮苗

不在发病区育苗，不从疫区调种苗。从外地调入种苗时，要严格检疫。

3.合理轮作，清洁田园

发病田块进行2~3年的水旱轮作。田间病株及时清除，集中销毁。

4.高温闷棚

选6—8月高温季节，先将田土深翻，然后上撒3~5cm厚土杂肥或碎稻草，用生石灰冲水均匀散在稻草上，并深翻30cm左右，浇1次透水，地面覆盖薄膜，并把大棚棚膜封严密闭15~20d，使地温升到55℃以上，杀死线虫。

（二）化学防治

土壤处理，使用棉隆进行土壤处理。种苗处理，定植前或发病初期选用5％甲氨基阿维菌素苯甲酸盐水分散粒剂浸苗、浇灌等。

第三章　草莓虫害监测与绿色防控

第一节 草莓斜纹夜蛾

近年来，我国草莓产业快速发展，随着草莓种植面积的不断扩大，病虫发生为害也呈逐年加重趋势。斜纹夜蛾（*Prodenia litura* Fabricius）属鳞翅目夜蛾科，是草莓主要害虫，该虫在浙江及长江中下游地区年发生5~6代，以幼虫为害植株叶片为主，也为害嫩芽、花及果实，1、2龄幼虫群集啃食叶肉，形成窗纱叶；3龄以上分散为害，5、6龄进入暴食期，对草莓造成严重为害。

一、草莓斜纹夜蛾的测报方法

（一）预测依据

1.斜纹夜蛾发生规律

（1）形态特征。

成虫：体长14~16mm，翅展33~35mm，头、胸、腹均深褐色，额有黑褐色斑，颈板有黑褐色横纹；胸部背面有白色丛毛；腹部前数节背面中央具有暗褐色丛毛；前翅灰褐色，基线、内线褐黄色，后端相连，斑纹复杂。雄蛾前翅带有黑棕色，径脉和中脉基部褐黄色，内横线及外横线灰白色，波浪形，中间有白色条纹，在环状和肾状纹之间，自前缘向后缘外有3条白色斜线（故名斜纹夜蛾）。雌蛾前翅外线与亚端线间不明显并带紫灰色，后翅白色半透明，翅脉及端线褐色。

卵：卵粒扁平，初产时乳白色，孵化前暗灰色，常多层重叠成卵块，其上覆盖有一层黄色绒毛。

幼虫：老熟幼虫体长36~48mm，头部黑褐色，体色多样，常为淡褐色、黑褐色、土黄色或灰绿色，虫体上散生着不太明显的白色斑点，从中胸到第9节背面各有一对月形或三角形黑斑。

蛹：长15~23mm，赤褐色至淡褐色，腹部背面第4~7节近前缘密布圆形刻点，腹部末端有1对弯曲的粗刺，刺基分开，尖端不成钩状。气门黑褐色，椭圆形隆起，前缘宽，后缘锯齿状，其后有一凹陷空腔。

（2）为害特点。斜纹夜蛾成虫夜间活动，对黑光灯和糖醋、酒液有趋性。卵呈块状多层排列，多产于植株中、下部叶片的反面，卵块上覆盖棕黄色绒毛。初孵幼虫多在卵块附近昼夜取食，3龄后开始分散，4龄后食量骤增，5龄、6龄进入暴食期，昼伏夜出为害（图3-1）。幼虫老熟后，入1~3cm浅土层作土室化蛹。1、2龄幼虫群集啃食叶下

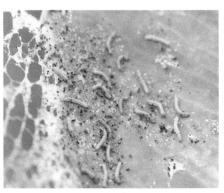

图3-1 草莓斜纹夜蛾为害状

表皮及叶肉，仅留上表皮及叶脉成窗纱状；3龄以上幼虫分散为害，咬食叶片，仅留主脉，有假死性，对阳光敏感，天晴时白天躲在阴暗的草莓基部或土缝里，夜晚出来为害，大发生时幼虫密度大，以致产量损失严重。

（3）消长规律。斜纹夜蛾在浙江建德年发生5~6代，10—11月为害最重，该虫世代重叠，越冬不明显，无滞育现象。斜纹夜蛾喜阴，特别在草莓繁苗期郁闭的环境下易发生。在草莓上为害，前三代及部分第四代主要在草莓繁苗期为害，第四、第五代在草莓移栽后发生为害。以幼虫取食草莓叶片、花和果实为主，严重时花果被害率可达30%以上。

（4）发生为害情况。浙江省建德市植保站1985—2018年斜纹夜蛾发生为害情况的系统监测调查，草莓斜纹夜蛾灯下成虫诱捕量平均为27~234头/灯，虫口密度平均为0.08~9.68头/株，为害株率为0.21%~15.49%，从历年发生情况看，20世纪80—90年代该虫轻发生，进入21世纪后，发生为害明显加重，2004年、2007年、2010年、2012年、2013年、2014年和2016年达到中等偏重至大发生，其中2005年、2010年、2013年和2016年达到大发生程度，对草莓产量造成严重损失，见图3-2。

2.影响为害发生的主要因素

（1）虫源。草莓为秋、冬季作物，苗圃与大田栽培在地理基本上隔离。大田栽培草莓的虫源主要由草莓苗带入、上茬作物残留、大田附近的作物或杂草上迁移迁入等。据调查监测，浙江建德市保护地内的整个冬季

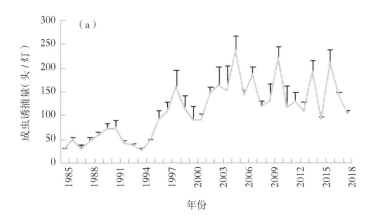

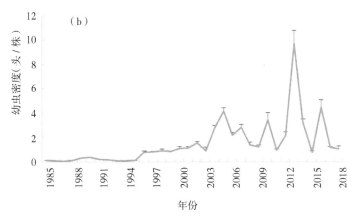

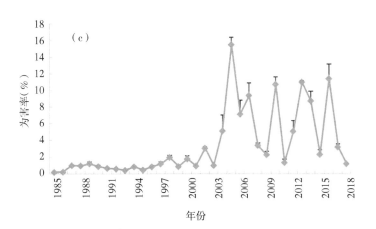

图3-2　草莓斜纹夜蛾成虫诱捕量(a)、幼虫密度(b)与为害率(c)
（浙江建德，1985—2018）

均可以发现斜纹夜蛾幼虫在草莓上取食为害。

（2）气候条件。斜纹夜蛾各虫态的发育适宜温度为28~32℃，但在高温下（33~40℃），生活也基本正常。卵的孵化适温是24℃左右，幼虫在气温25℃时，历期14~20d，化蛹的适合土壤湿度是土壤含水量在20％左右，蛹期为11~18d。斜纹夜蛾抗寒力很弱，在冬季0℃左右长时间的低温下，基本上不能生存。在浙江、江苏等地夏季多以持续高温、干旱为主，秋旱也较为明显，非常适合斜纹夜蛾的生态发育要求。

（3）栽培管理。斜纹夜蛾食性杂，取食不同食物对其幼虫的发育历期、存活率、蛹重和成虫的羽化率、成虫产卵及寿命有显著的差别。斜纹夜蛾对糖醋液趋性强，产卵趋向高大的植物，附近蜜源植物多可促进斜纹夜蛾成虫补充营养，产卵量增多，而芋头、豇豆、大豆、玉米、向日葵等高大作物会吸引斜纹夜蛾产卵，从而降低草莓上的落卵量。近年来，随着绿色农业发展和种植结构的调整，蔬菜种植面积增加，如反季节栽培的菜豆、豇豆，十字花科的青菜、包心菜、花椰菜等，食料丰富，有利于该虫的繁衍、生息。非耕地和抛荒地的存在，也为斜纹夜蛾发生提供了十分有利的条件。

（4）天敌。天敌是影响斜纹夜蛾虫口消长的重要因素。斜纹夜蛾的天敌种类较多，包括捕食性和寄生性的昆虫、蜘蛛、线虫和微孢子虫真菌细菌和病毒等病原微生物等。

（二）调查项目与方法

1.成虫消长观察

观察时间：10月至翌年5月，可结合蔬菜其他害虫观测进行。

观察方法：选择"红颊""章姬""丰香"等当地主栽的草莓品种，观测围面积3 000m^{2}以上，设置虫情测报灯1台。或采用斜纹夜蛾性诱剂诱测，每亩设置性诱剂＋诱捕器5个，采用棋盘式方法设置。每天观察记载斜纹夜蛾成虫数量，调查结果记入表3-1。

表3-1　草莓斜纹夜蛾成虫消长调查记载

观测单位：_____　　　　调查地点：_____　　　　年份：_____

调查日期		性诱成虫（头）					灯诱成虫（头）						备注
月	日	性诱1	性诱2	性诱3	当天诱蛾量	累计诱蛾量	灯诱1		灯诱2		当天诱蛾量	累计诱蛾量	
							雌	雄	雌	雄			

2.虫口消长与为害系统调查

调查时间：11月至翌年5月。

调查方法：选早、中、晚茬草莓主栽品种，每个类型田面积1亩以上，从草莓定植后，每隔5d调查1次，采用棋盘式多点取样法，每田定点10个点，每点调查5株，共50株，调查观测虫卵数量、发育进度和为害情况，计算单株草莓虫口密度和为害率，调查结果记入表3-2。

表3-2　草莓苗斜纹夜蛾消长调查记载

观测单位：_____　　　　调查地点：_____　　　　年份：_____

调查日期		类型田	品种	调查株数	有虫株数	有虫株率（%）	卵块数	各龄幼虫数							株均虫口数量	备注
月	日							1龄	2龄	3龄	4龄	5龄	6龄	合计		

3.卵孵进度调查

调查时间：害虫产卵期，每天观察1次。

调查方法：在观察圃草莓田边，栽种玉米、向日葵等高大植物，隔日调查卵量和每日观察卵块孵化进度；或对草莓观测圃查到的卵块做好标记，每日观察卵块孵化进度，调查结果记入表3-3。

表3-3　草莓斜纹夜蛾卵孵进度调查记载

观测单位：_____　　　调查地点：_____　　　年份：_____

调查日期		类型田	品种	生育期	观测卵块数	孵化卵块数	孵化率（%）	备注
月	日							

4.栽培管理和气象条件记载

调查大田寄主植物和自然天敌情况，调查记载草莓设施栽培、种植品种、肥水管理和药剂防治情况，观察记载温度、降水等天气情况，作为预测草莓斜纹夜蛾发生的主要依据。调查结果记入表3-4。

表3-4　草莓栽培管理和气象资料记载

观测单位：_____　　　调查地点：_____　　　年份：_____

调查日期		观测地点	设施栽培	栽培品种	管理措施	药剂防治	天敌种类与数量	天气状况							备注
月	日							最高（℃）	最低（℃）	平均（℃）	降水（mm）	日照（h）	地表湿度	空气湿度	

（三）预测方法

1.发生期和发生量预测

根据斜纹夜蛾虫口发育进度、卵孵进度、各虫态历期、草莓生育期和气温状况等调查结果的综合分析，预测斜纹夜蛾卵孵盛期、低龄幼虫盛发期和高龄幼虫暴食期。

根据斜纹夜蛾田间虫口基数调查，草莓栽培管理、天敌因素和气候条件等综合分析，预测害虫发生量。当斜纹夜蛾虫卵密度高，田间寄主植物多，食源丰富，气候条件适宜时，则有利于害虫种群数量增长和为害，害虫有重发为害趋势。

2.发生为害程度模型预测

历史监测数据分析表明，草莓斜纹夜蛾灯下成虫诱捕量、田间幼虫虫口密度与草莓为害损失率具有密切相关性。以浙江省建德市1985—2018年草莓斜纹夜蛾灯下成虫诱虫量（X_1）、田间幼虫密度（X_2）与为害损失率（Y）进行相关分析，相关达极显著水平（图3-3），建立了草莓斜纹夜蛾发生为害预测模型，经历史回验，平均预测准确率为94.11％。

$Y= -2.636 + 0.055X_1（R^2=0.619^{**}）$

式中，Y为为害损失率（％），X_1为成虫诱捕量（头/灯）。

$Y=0.812 + 1.765X_2（R^2=0.686^{**}）$

式中，Y为为害损失率（％），X_2为幼虫密度（头/株）。

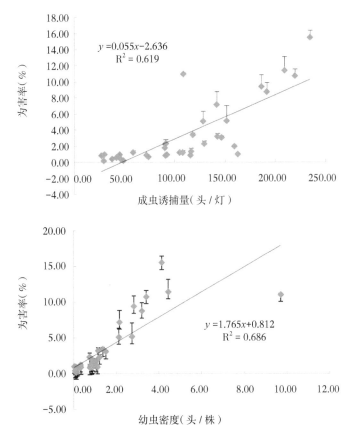

图3-3 草莓斜纹夜蛾成虫诱捕量、幼虫密度与为害损失率的关系

（浙江省建德市，1985—2018）

二、绿色防控技术

（一）防治策略

草莓斜纹夜蛾防治，应坚持预防为主、综合防治植保方针，加强虫情调查监测和预测预报，以农业防治、生物防治和物理防治为基础，做好"查定"药剂防治，综合控制害虫发生为害。

（二）绿色防治技术

1.农业防治

斜纹夜蛾食性杂、取食寄主植物多，应提倡作物连片种植，减少田间插花种植；清除杂草，收获后翻耕晒土或灌水，以破坏或恶化其化蛹场所；结合田间疏枝叶疏花果管理，摘除卵块和群集为害的初孵幼虫，以减少虫源。

2.生物防治

在草莓园管理、农事操作活动中，做好捕食性和寄生性天敌保护。在幼虫进入3龄暴食期前，使用斜纹夜蛾核型多角体病毒200亿 PIB/g水分散粒剂12 000~15 000倍液，或球孢白僵菌400亿个孢子/g可湿性粉剂1 500~2 000倍液喷施。

3.理化诱杀

大棚设施栽培草莓，利用防虫网阻隔成虫进入。根据斜纹夜蛾成虫趋光性，在草莓种植园悬挂频振式杀虫灯诱杀成虫。也可使用斜纹夜蛾的性诱剂+诱捕器诱杀成虫，一般每亩使用性诱剂+诱捕器5个。把诱捕器固定在木棒上，安置于草莓生产园或苗圃内，用细铅丝将含有性诱剂的诱芯固定在诱捕器的上端，在使用4~6周后及时更换诱芯，以提高防治效果。

4.药剂防治

药剂试验结果（表3-5），甲氨基阿维菌素每公顷1.5g、2.25g、3g不同剂量及对照药剂氯虫苯甲酰胺每公顷2.25g喷雾处理，药后1d对草莓斜纹夜蛾的防治效果分别为57.0%、72.7%、82.5%和60.9%；药后14d对草莓斜纹夜蛾的防治效果分别为78.1%、84.4%、96.5%和78.1%。试验结果表明，5%甲氨基阿维菌素苯甲酸盐水分散粒剂3个剂量处理，随着剂量增加防效增强；药后1d，中、高剂量（2.25g/hm^2、3g/hm^2）处理的防效极显著好于对照药剂5％氯虫苯甲酰胺悬浮剂的防效（$P > 0.01$）；药后14d，高剂量（3g/hm^2）的防效极显著好于对照药剂的防效（$P > 0.01$）；药后1~14d，低剂量（1.5g/hm^2）处理的防效与对照药剂的防效无差异显著性，5％甲氨基阿维菌素苯甲酸盐水分散粒剂对草莓斜纹夜蛾具有较好的速效与持效的防治效果。

表3-5　甲氨基阿维菌素苯甲酸盐水分散粒剂对草莓斜纹夜蛾防治效果（浙江建德）

处理	有效成分用量（g/亩）	虫口基数（头）	药后1d		药后14d	
			残虫量（头）	防效（％）	残虫量（头）	防效（％）
5％甲维盐 WG	1.5	12.8	5.5	57.0cC	2.8	78.1bB
5％甲维盐 WG	2.25	12.8	3.5	72.7bAB	2.0	84.4abAB
5％甲维盐 WG	3.0	14.3	2.5	82.5aA	0.5	96.5aA
5％氯虫苯甲酰胺 SC	1.5	12.8	5.0	60.9cBC	3.0	78.1bB
清水对照	-	11.8	11.8	-	11.8	-

注：供试草莓品种为红颊。同列数据后不同小写字母表示在5％水平上差异显著，不同大写字母表示在1％水平上差异显著

根据斜纹夜蛾发生为害的预测预报，做好"查定"防治，即查害虫发生期，定防治适期；查害虫发生量，定防治对象田。当查到害虫发生达到防治指标时，应掌握在卵孵高峰和低龄幼虫期，使用5％甲氨基阿维菌素苯甲酸盐水分散粒剂3~4g/亩喷雾防治。在第一次施药后，隔5~7d调查1次，对残留虫口密度高的，再防治一次。要注意农药的合理交替使用，延缓害虫抗药性产生，并注意用药后的安全采收间隔期，防止草莓农药残留超标。

第二节　草莓蚜虫

蚜虫是草莓生产上的主要害虫之一，种类很多，有桃蚜、棉蚜和马铃薯长管蚜等。浙江草莓上以桃蚜为主，桃蚜（*Myzus persicaen*），属同翅目，蚜虫科，除为害草莓外，还为害多种植物，以初夏和初秋发生密度最大，大多群聚在草莓嫩叶叶柄、叶背、嫩心、花序和花蕾上为害，吸取汁液，造成嫩芽萎缩，嫩叶皱缩卷曲，畸形，不能正常展叶，并产生蜜露污染叶片；蚜虫还是病毒的传播者，其传毒所造成的为害损失远大于其本身为害所造成的损失。

一、草莓蚜虫的测报方法

（一）预测依据

1.草莓蚜虫发生规律

（1）形态特征（图3-4）。

成虫：桃蚜有翅胎生雌蚜体长1.6~2.1mm，无翅胎生雌蚜体长2~2.6mm，宽1.1mm，体色有黄绿色、洋红色；腹管长筒形，是尾片的2倍，尾片黑褐色；尾片两侧各有3根长毛。有翅孤雌蚜体长2mm，腹部有黑褐色斑纹，翅无色透明，翅痣灰黄或青黄色。有翅雄蚜体长1.3~1.9mm，体色深

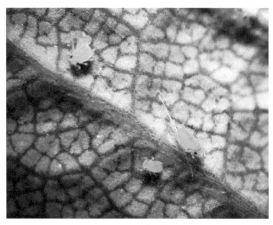

图3-4　蚜虫

绿、灰黄、暗红或红褐，头胸部黑色。

卵：椭圆形，长0.5~0.7mm，初为橙黄色，后变成漆黑色而有光泽。

若虫：体小，似无翅胎生雌蚜，淡红或黄绿色。

（2）生物学特性。桃蚜一般营全周期生活，早春越冬卵孵化为干母，在梨、桃、李、梅、樱桃等冬寄主上营孤雌胎生，繁殖数代皆为干雌。当断霜以后，产生有翅胎生雌蚜，迁飞到十字花科、茄科作物等侨居寄主上为害，并不断营孤雌胎生，繁殖出无翅胎生雌蚜，直至晚秋，当夏寄主衰老时，产生有翅性母蚜，迁飞到冬寄主上，生出无翅卵生雌蚜和有翅雄蚜，雌雄交配后，在冬寄主植物上产卵越冬，越冬卵抗寒力很强，即使在北方高寒地区也能安全越冬。桃蚜也可以一直营孤雌生殖的不全周期生活，比如在北方地区的冬季，仍可在温室内的茄果类蔬菜上继续繁殖为害。

桃蚜在长江流域一年发生20~30代。春季气温达6℃以上开始活动，在越冬寄主上繁殖2~3代，于4月底产生有翅蚜迁飞到露地蔬菜上，繁殖为害，直到秋末冬初又产生有翅蚜迁飞到保护地内。早春晚秋19~20d完成一代，夏秋高温时期，4~5d繁殖1代。一只无翅胎生蚜可产出60~70只若蚜，产卵期持续20余天。

（3）发生消长规律。桃蚜以卵在桃、李等果树枝梢或小枝缝隙中越冬，翌年3月上中旬开始孵化繁殖。4—5月是为害盛期，产生有翅蚜，迁飞到大田作物为害，为害草莓大田和苗圃。10月下旬产生有性雌雄蚜，孤雌生殖无翅蚜；晚秋后又产生有翅蚜，迁回到桃树上产生有性蚜，交尾后产卵越冬。桃蚜的发育起点温度为4.3℃，在10℃下发育历期24.5d，25℃时缩短为8d，最适发育温度为24℃，高于28℃的气温对其发育不利；冬季低温时，生长和繁殖缓慢，为害轻。当温度上升到10℃其繁殖速度加快。高温、干旱有利于它的繁殖和为害。据浙江建德等地调查，春季和秋冬季设施栽培草莓，棚内温暖避雨，有利于蚜虫发生，草莓蚜虫为害高峰期在3月中旬和11月（图3-5）。

（4）发生为害情况。浙江省建德市植保站1985—2018年对草莓蚜虫发生情况进行系统监测调查，草莓蚜虫平均虫口密度为2.07~29.95头/株，为害株率为0.26%~26.06%，在观测的34年中，中等以上发生程度的有12年，占35.29%，其中2004年、2005年、2006年、2008年和2010年达大发生，对草莓生产构成较大威胁，见图3-6。

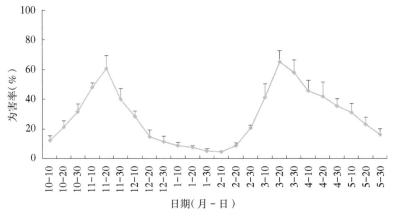

图3-5　草莓蚜虫发生为害动态（浙江建德，2015—2017）

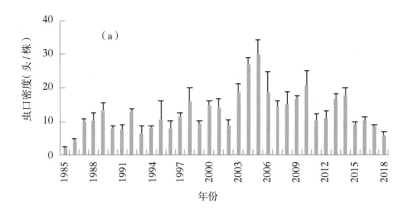

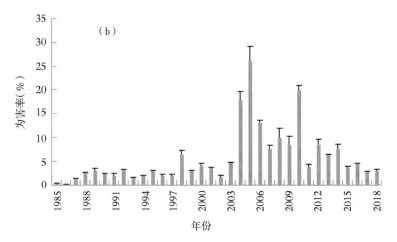

图3-6　草莓蚜虫历年虫口密度（a）和为害株率（b）（浙江建德，1985—2018）

2.影响发生的主要因素

（1）寄主植物。桃蚜寄主广泛，冬寄主植物有桃、李、梅、梨、樱桃等蔷薇科果树等；夏寄主作物有白菜、甘蓝、萝卜、芥菜、芸苔、芜菁、甜椒、辣椒、菠菜等。大田插花多，周围作物种类丰富，靠近山坡、非耕地和抛荒地，对桃蚜的发生为害有利。

（2）气候条件。桃蚜的发生与气候关系密切。温度在24~28℃，湿度适中时，宜于桃蚜的繁殖。当温度高达29℃以上或下降到6℃以下，相对湿度在80%以上或40%以下时，不利于桃蚜繁殖。

（3）天敌因子。天敌是影响蚜虫虫口消长的重要因素。桃蚜的天敌种类较多，捕食性和寄生性天敌有瓢虫、蜘蛛、食蚜蝇、草蛉、烟蚜茧蜂、菜蚜茧蜂、寄生菌等。

（二）调查项目与方法

1.有翅成蚜消长调查

调查时间：11月至翌年5月。

调查方法：从草莓定植后，按早、中、晚茬主栽品种确定有代表性类型田各1块，每块田悬挂诱蚜黄板2块，黄板的悬挂高度应高出草莓植株顶部20cm以上，每5d观察1次，黄板褪色或黏虫过多时要及时更换新板，记载有翅成蚜数量，调查结果记入表3-6。

表3-6　草莓有翅蚜消长调查记载

观测单位：＿＿＿＿＿＿＿＿　调查地点：＿＿＿＿＿＿＿＿＿＿＿＿　年份：＿＿＿＿＿

调查日期		田块1（头）		田块2（头）		田块3（头）		当天诱蚜量（头）	平均单板诱蚜量（头）	累计单板诱蚜量（头）	备注
月	日	黄板a	黄板b	黄板a	黄板b	黄板a	黄板b				

2.虫口系统调查

调查时间：11月至翌年5月草莓蚜虫发生为害期进行调查。

调查方法：根据当地草莓主栽品种，按早、中、晚茬选定有代表性的类型田各2块，采用棋盘式多点取样法，每田定点10个，每点定株5株，共取样50株，每隔5d调查1次，在傍晚和清晨调查蚜虫数量，计算有蚜株率和单株蚜量，调查结果记入表3-7。

表3-7　草莓蚜虫发生为害情况调查记载

观测单位：_____　　调查地点：_____　　年份：_____

调查日期		观测点编号	观测草莓品种	草莓生育期	调查株数	有蚜株数	蚜虫数量（头）			有蚜株率（%）	单株蚜量（头）	备注
月	日						有翅蚜	无翅蚜	总数			

3.大田虫情普查

调查时间：草莓蚜虫主要为害期。

调查方法：根据当地草莓主栽品种和栽种早迟，每个品种选有代表性类型田3块，采用对角线五点取样法，每田定点5个，每点定株5株，共取样25株，调查虫口数量和为害情况，计算有蚜株率和单株蚜率，调查结果记入表3-7。按照有蚜株率的分级指标（虫情分级标准：0级，有蚜株率为0；1级，有蚜株率<25%；2级，有蚜株率25.1%~50%；3级，有蚜株率50.1%~75%；4级，有蚜株率>75.0%），确定发生为害程度。

4.栽培管理和气象条件记载

调查大田寄主植物和自然天敌情况，调查记载草莓设施栽培、种植品种、肥水管理和药剂防治情况，观察记载草莓种植期的天气情况、大棚温（湿）度，作为预测草莓蚜虫发生的重要依据，调查结果记入表3-8。

表3-8　草莓栽培管理和气象资料记载

观测单位：_____　　调查地点：_____　　年份：_____

调查日期		观测地点	设施栽培	栽培品种	管理措施	药剂防治	天敌种类与数量	天气状况							备注
月	日							最高（℃）	最低（℃）	平均（℃）	降水（mm）	日照（h）	地表湿度	空气湿度	

（三）预测方法

1.综合预测法

草莓蚜虫的发生，受寄主植物、栽培管理、天敌因子、药剂防治和气候条件等因素的综合影响。当冬春季田间栽培作物种类多，蚜虫发生早和虫口基数高，自然天敌控制作用弱，气候条件较为有利时，则草莓蚜虫有较严重发生为害趋势。

2.模型预测

历史监测数据表明，草莓蚜虫虫口密度与为害株率和产量损失率具有密切相关性，以浙江省建德市1985—2018年草莓蚜虫虫口密度（X_1）与为害损失率（Y）进行相关性分析，相关达极显著水平（图3-7），建立了草莓蚜虫发生为害预测模型，经历史回验平均预测准确率为94.12%。

$Y = -5.098\,5 + 0.854X\,(R^2 = 0.770\,6^{**})$

式中，Y为为害损失率（%），X为虫口密度（头/株）。

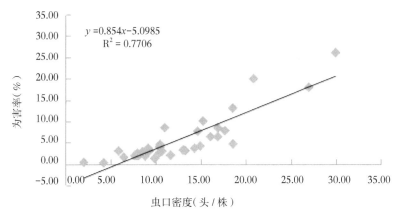

图3-7 草莓蚜虫虫口密度与为害损失关系（浙江建德，1985—2018）

二、绿色防控技术

（一）农业防治

合理安排茬口，减少蚜虫为害。种植草莓时，可与韭菜搭配种植，降低虫口密度，减轻蚜虫对草莓为害。也可在草莓田周围种植四季豆、玉米等高大植物，通过截留，减少蚜虫迁移到草莓植株上的数量。提倡连片种植，减少插花种植；清除杂草，及时清洁田园，摘除草莓老叶，以减少虫源。

（二）天敌保护利用

蚜虫的天敌种类较多，尽量少用广谱性农药，以保护瓢虫、草蛉、食蚜蝇、寄生蜂等蚜虫天敌。有条件的可人工饲养和释放蚜虫天敌。

（三）物理防治

利用银灰色反光塑料薄膜驱避蚜虫，也可采用银灰色薄膜进行地膜覆盖，或在田间挂10~15cm的银灰色薄膜条驱避蚜虫。有翅蚜对黄色、橙色有较强的趋性，在田间设置黄板，对草莓蚜虫有较好的诱杀效果，每亩悬挂黄板30张，黄板下端距草莓植株顶端10~15cm，黄板诱蚜粘满时，及时更换黄板。

（四）药剂防治

草莓育苗期应加强对蚜虫的防治，减少病毒病传播；草莓定植起苗前打出嫁药，在草莓生长期对达到防治指标的应做好药剂防治，药剂可选用1.5%苦参碱可溶液剂1 000~1 200倍液，或10%吡虫啉可湿性粉剂2 000~2 500倍液喷雾防治。要注意农药的合理交替使用，延缓害虫抗药性产生，并注意各种农药的安全采收间隔期，降低农药残留。

第三节 草莓叶螨

草莓叶螨又称红蜘蛛、黄蜘蛛，是保护地栽培草莓的重要害虫，草莓上的叶螨主要有朱砂叶螨（*Tetranychus cinnabarinus*），和二斑叶螨（*Tetranychus urticae* Koch），以成螨、若螨在草莓叶背刺吸植物汁液，发生量大时叶片灰白，生长停顿，并在植株上结成丝网，严重发生时可导致叶片枯焦脱落，草莓植株如火烧状。

一、草莓叶螨的测报方法

（一）预测依据

1.草莓叶螨的发生规律

（1）形态特征与生物学特性（图3-8）。二斑叶螨，又名二点叶螨、黄蜘蛛。成虫：雌螨体长0.5mm左右，宽约0.32mm，椭圆形，足4对，无爪，体背有刚毛26根，排成6横排。生长季节为白色、黄白色，体背两侧各具1块黑色长斑，取食后呈浓绿、褐绿色；当密度大，或种群迁移前体色变为橙黄色。滞育形体呈橙黄色至淡红色，体侧无斑。雄螨体长0.4mm左右，宽约为0.22mm，近菱形，淡黄色或淡黄绿色，活动敏捷。卵：直径0.12mm，球形，有光泽，初产时乳白色半透明，后

图3-8 叶螨

转黄色，孵化前出现2个红色眼点。幼螨：半球形，淡黄色或黄绿色，足3对。若螨：椭圆形，足4对，静止期绿色或墨绿色。

朱砂叶螨，又名红蜘蛛。雌螨体形与大小和二斑叶螨相似，椭圆形，深红色或锈红色，无季节性变化。雄螨体小，长约0.36mm，宽约0.2mm，体红色或橙红色，阳具端锤较小。卵为圆球形，直径0.13mm，有光泽，初产时无色透明，后渐转变为淡黄色和深黄色，最后呈微红色。幼螨长约0.15mm，近圆形，色泽透明，有足3对。若螨体长约0.21mm，有足4对。体形及体色似成螨，但个体较小。

二斑叶螨和朱砂叶螨食性杂、寄主范围广。二斑叶螨可寄生于所有的显花植物。室内用菜豆叶片饲养二斑叶螨和朱砂叶螨，在15~35℃范围内，温度越高，发育历期越短。每头雌螨可产卵50~110粒，随着气温升高繁殖加快，以两性生殖为主，也可孤雌生殖，世代重叠。

（2）发生消长规律。二斑叶螨常年发生20代以上，为害保护地草莓一般为3~4代。以雌螨滞育越冬，翌年春季气温上升达5~6℃时，二斑叶螨越冬雌螨开始活动，7~8℃时开始产卵繁殖。朱砂叶螨常年发生15~20代，当气温上升到10℃以上时，越冬成螨开始活动。两种叶螨各虫态发育历期均随温度的升高而缩短，二斑叶螨的发育起点温度更低，相同温度条件下，二斑叶螨的卵期和全世代的发育历期均比朱砂叶螨短。

浙江建德露地草莓或草莓苗圃上以5月下旬至7月受害最重。喜群集叶背主脉附近并吐丝结网于网下为害，以吐丝下垂和僻风扩散传播，11月陆续进入越冬。保护地内由于温度适宜，叶螨整个冬季均可取食和繁殖，一般不出现滞育型，在暖冬年份，在12月仍可造成较重为害。卵多产在叶片背面。其生长发育最适温度为29~31℃，相对湿度35%~55%，高温低湿时发生严重。但温度超过31℃以上，相对湿度超过70%以上时，不利于叶螨的繁殖。

发生为害情况。浙江省建德市植保站1985—2018年对草莓叶螨发生情况进行系统监测调查，草莓叶螨平均虫口密度为1.03~38.31头/株，为害株率为0.14%~20.26%，在观测的34年中，中度以上发生程度的有11年，占32.35%，其中2000年、2001年、2003年达到大发生，对草莓生产造成较大损失，见图3-9。

2.影响发生的主要因素

（1）种苗带螨的基数。夏季草莓苗圃中叶螨发生量大，一旦控制不好，到8月底9月初，草莓苗残螨量高，定植后进入大田为害繁殖。导致

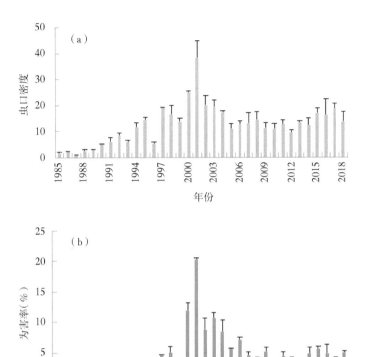

图3-9　草莓叶螨历年虫口密度（a）和为害率（b）（浙江建德，1985—2018）

后期重发。建德市监测点2016年4月调查，不同来源的草莓苗定植在同一大棚内，采用相同的管理方法后，二斑叶螨发生量差异很大，一个草莓苗来源的平均株螨量为191.3头，而另一来源只有2.07头。

（2）寄主植物。瓜类、豆类、茄果类作物是叶螨的重要寄主植物，如在草莓中套种甜瓜、西瓜等作物，会增加叶螨的寄主植物，草莓叶螨发生为害会加重。

（3）自然天敌。叶螨天敌种类繁多，有瓢虫、小花蝽、塔六点蓟马、草间小黑蛛、草蛉、捕食螨、食螨瘿蚊和食螨隐翅虫等。拟除虫菊酯、有机磷等广谱性杀虫剂对天敌杀伤大，天敌数量减少导致叶螨再猖獗。

（4）化学农药防治。叶螨寄主范围广、食性杂、生长速度快、繁殖率高、为害重，化学防治是最经济有效的防治方法。但化学农药的长期使用，导致叶螨特别是二斑叶螨对多种化学杀螨剂产生了不同程度的抗药性。

（5）气候条件。草莓叶螨的发生与气候关系密切，温度在30℃左右、相对湿度50%，适于草莓叶螨的繁殖。温度高达35℃以上、相对湿度在80%以上时，不利于草莓叶螨的繁殖。

（二）调查项目与方法

1.种苗带螨基数调查

调查时间：8月底9月初

调查方法：在草莓起苗或定植时，选择草莓种植大户3~5户，每户随机抽取草莓苗50~100株，调查草莓叶螨的虫口数量，计算单株虫口数量和株带螨率，调查结果记入表3-9。

表3-9　草莓叶螨虫口基数调查表

观测单位：_____　　　调查地点：_____　　　年份：_____

调查日期		草莓品种	调查株数	有虫株数	有虫株率（%）	叶螨种类数量（头）			平均单株虫口数量（头）	备注
月	日					二斑叶螨	朱砂叶螨	总虫数		

2.虫口系统监测

调查时间：9月中旬至翌年4月底。

调查方法：选早、中、晚茬的草莓主栽品种类型田各2块，于草莓定植后10天开始调查，每5d调查1次，采用"Z"字形取样法，每田定点25个，每点定2株，共取样50株。调查记载虫口数量，计算单株虫口密度和有虫株率，调查结果记入表3-9。

3.大田虫情普查

调查时间：草莓叶螨的主要为害期。

调查方法：在草莓主要生产基地，选早、中、晚茬的主栽品种草莓类型田3块，每田随机抽取草莓20株，调查记载虫口数量，计算单株虫口密度和有虫株率，调查结果记入表3-9。

4.栽培管理和气象条件记载

调查大田寄主植物和自然天敌情况，调查记载草莓设施栽培、种植品种、肥水管理和药剂防治情况，观察记载草莓种植期的天气情况、大棚温湿度，作为预测草莓叶螨发生的重要依据，观测结果记入表3-10。

表3-10　草莓栽培管理和气象资料记载

观测单位：＿＿＿＿＿＿　　　调查地点：＿＿＿＿＿＿　　　年份：＿＿＿＿＿＿

调查日期		观测地点	设施栽培	栽培品种	管理措施	药剂防治	天敌种类与数量	天气状况							备注
月	日							最高（℃）	最低（℃）	平均（℃）	降水（mm）	日照（h）	地表湿度	空气湿度	

（三）预测方法

1. 综合预测法

草莓叶螨的发生，受寄主植物、栽培管理、天敌因子、药剂防治和气候条件等因素的综合影响。当冬春季田间栽培作物种类多，种苗带螨基数高，自然天敌控制作用弱，气候条件较为有利时，草莓叶螨有较严重发生为害趋势。

2. 模型预测

历史监测数据表明，草莓叶螨虫口密度与为害株率和产量损失率具有密切相关性，以浙江省建德市1985—2018年草莓叶螨虫口密度 X 与为害损失率 Y 进行相关性分析，相关达极显著水平（图3-10），建立了草莓蚜虫发生为害预测模型，经历史回验平均预测准确率为91.18％。

$$Y = -1.622 + 0.486\,3X\,(R^2 = 0.824\,8^{**})$$

式中，Y 为为害损失率（％），X 为虫口密度（头/株）。

二、绿色防控技术

（一）防控对策

草莓叶螨种类多、繁殖快，抗药性强，应坚持预防为主、综合防治的植保方针，加强虫情监测调查，以生态控制为基础，综合运用农业、生物和药剂防治相结合的方法，综合控制害虫的发生为害。

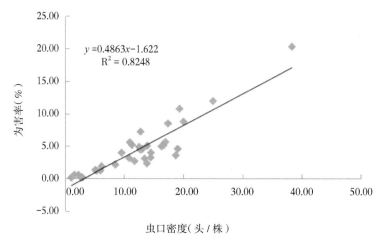

图3-10 草莓叶螨虫口密度与为害率关系（浙江建德，1085—2018）

（二）绿色防治技术

1.农业防治

合理安排茬口，减少插花种植，减少草莓叶螨的为害。及时铲除田边地头及棚室周围寄主杂草；及时摘除有虫叶、老叶和枯黄叶，并集中烧毁，减少虫源。加强苗期管理，培育无虫苗。草莓叶片越老，含氮越高，叶螨也随之增多，合理施用氮、磷、钾肥，促进植株的健壮生长，减轻叶螨为害。

2.生物防治

田间栽培管理时，要充分考虑保护有益天敌的措施，营造有利于天敌栖息和繁衍的生态条件，利用天敌控制叶螨的种群数量。叶螨的天敌种类较多，尽可能少用广谱性杀虫剂，以保护瓢虫、小花蝽、草间小黑蛛、草蛉、捕食螨等。有条件的，可在叶螨发生初期释放捕食螨，按照益害比1：（10~30）释放捕食螨，能较好地控制害螨。

3.药剂防治

根据草莓叶螨的监测调查，在草莓开花前，当每叶螨量达2~3头，或覆膜前有虫株率5%时，选用43%联苯肼酯悬浮剂2 500倍液，或0.5%藜芦碱可溶液剂350~400倍液喷雾防治。要注意药剂的交替轮换使用，防治叶螨产生抗药性和耐药性。

第四节 草莓茶黄螨

茶黄螨 *Polyphagotarsonemuslatus* Banks，别名半跗线螨、侧多食跗线螨、嫩叶螨、白蜘蛛等，属蛛形纲蜱螨目跗线螨科，为保护地栽培草莓的重要害虫，全国各地均有发生。茶黄螨食性杂，寄主植物广泛，除为害草莓外，还为害黄瓜、茄子、辣椒、马铃薯、番茄、瓜类、豆类、芹菜、木耳菜、萝卜等。以成螨、若螨集中在寄主植物幼芽、嫩叶、花、幼果等幼嫩部位刺吸汁液，受害叶片呈灰褐色或黄褐色，有油浸状或油质状光泽，叶缘向背反卷、畸形，花蕾畸形，果实变褐色，粗糙，无光泽，植株矮缩。由于该虫虫体较小，肉眼常难以发现，易被混淆为病毒病或生理病害。

一、草莓茶黄螨的测报方法

（一）预测依据

1.草莓茶黄螨的发生规律

（1）形态特征与生物学特性（图3-11）。

成虫：雌成螨体长约0.21mm，阔椭圆形，体分节不明显，腹部末端平截，淡黄或黄绿色，半透明有光泽。足4对，沿背中线有1条白色条纹。雄成螨体长约0.19mm，近棱形，淡黄至橙黄色，腹末端近锥形，足较长且粗壮。

卵：长约0.1mm，椭圆

图3-11 茶黄螨

形，灰白色、半透明，卵面有6排纵向排列的小疣状突起，每行6~8个。

若虫：幼螨倒卵形，体长约0.11mm，乳白色，初腹部明显分为3节，近若螨阶段分节消失。足3对。背部有1条白色纵带。腹部末端呈圆锥形，具有1对刚毛。若螨是一个静止的生长发育阶段，体长椭圆形，体长0.15mm，首尾呈锥形，体白色半透明。

茶黄螨寄主植物广泛，茶黄螨食性极杂，除为害草莓外，还为害茄果类、瓜类、豆类、萝卜和芹菜等叶菜类和多种果树，以成螨、若螨刺吸寄主植物幼嫩部位汁液。茶黄螨有明显的趋嫩性，成螨较活跃，雄螨有携带雌若螨向植株幼嫩部位转移的习性。雌若螨蜕皮变为成螨后，雄成螨即与其交配产卵。卵散产在嫩叶背面、果实凹陷处及嫩芽上，初孵幼螨就近取食为害，经2~3d孵化，若螨、幼螨期各2~3d。每雌螨产卵百余粒，以两性生殖为主，也可营孤雌生殖。

茶黄螨生活周期短，繁殖最适温度22~28℃，相对湿度80%~90%。18~20℃时7~10d繁殖一代，在20~30℃时4~5d可繁殖一代；生长的最适温度16~23℃，高温会使成螨寿命缩短，繁殖力降低（表3-11、表3-12）；卵和幼螨只能在相对湿度80%以上条件下孵化、生活，温暖多湿的环境有利于茶黄螨的发生。

表3-11　茶黄螨变温下虫态发育历期

温度（℃）	卵历期（d）	幼螨期（d）	若螨期（d）	成螨期（d）
16~20	3	3~4	4~5	7~10
22~25	1~2	3	3	6~8
27~30	1~2	1~2	2~3	4~6

表3-12　茶黄螨在变温下世代历期

日均温度（℃）	世代交替的历期（d）	日均温度（℃）	世代交替的历期（d）
15~17	10~15	25~27	5~6
18~20	8~10	28~30	4~5
22~24	6~7		

（2）发生消长规律。茶黄螨年发生25~30代，世代重叠。广泛分布于草莓、蔬菜大棚、果园及其周边多种生态环境。在露地条件下以雌成螨在土缝、冬季蔬菜及杂草根部越冬。保护地栽培可周年发生，无明显越冬阶段，但冬季为害轻，12月以后虫口明显减少。常年保护地3月上中旬初见，

4—6月可见为害严重田块。露地4月中下旬初见，7—9月盛发。

茶黄螨的为害有间歇发生、突然发生和局部发生的特点。茶黄螨主要靠爬行、风力、种苗、农事操作等传播蔓延，然后由点片发生到暴发成灾。成螨活泼，有强烈的趋嫩性，当取食部位变老时，立即向新的幼嫩部位转移。

2.影响发生的主要因素

（1）气候因子。相对露地而言，草莓大棚内通风不良，温度高、湿度大的环境有利于茶黄螨的生长发育繁殖，为害较重。

（2）虫口基数。部分草莓种苗带螨基数高，导致定植后重发风险高。草莓露地育苗环境复杂，茶黄螨来源广，期间气温高，茶黄螨繁殖快，草莓种苗带螨几率高。

（3）天敌因子。自然状态下茶黄螨群落中常伴有捕食性螨类，以及某些捕食性的蓟马、小花蝽等，均为茶黄螨的自然天敌，共同控制着茶黄螨的种群数量。当草莓育苗期间农药使用量较大时，草莓苗上的天敌生物减少，易导致茶黄螨的猖獗。

（二）调查项目与方法

1.虫口基数调查

调查时间：草莓生长期。

调查方法：在起苗或定植时选择3~5个草莓种植户、每户随机选取100~200株草莓苗株，用20倍手持放大镜查植株的幼嫩处，调查种苗的带虫和卵的情况，计算草莓苗初始有虫株率。调查结果记入表3-13。

表3-13　草莓苗茶黄螨定植期带虫基数调查表

调查单位：_____　　调查地点：_____　　年度：_____

调查日期		草莓苗来源	品种	调查株数	有虫株数	有虫株率（%）	备注
月	日						

2.田间虫情消长调查

调查时间：9月初至翌年4月。

调查方法：从草莓定植后5天开始，选早、中、晚茬主栽品种类型田各2块。有条件的专业测报点要设面积不小于200m²的虫情自然消长观察圃1个，调查自然状态下的发生消长规律。采用棋盘式跳跃取样法，每隔5d调查1次，每田定点25个，每点定株2株，共取样50株，用20倍手持放大镜查植株的幼嫩处，调查100张叶片的虫叶率与有虫株率、调查100个幼果的受害率。调查结果记入表3-14。

表3-14　草莓茶黄螨田间虫情消长系统调查表

调查单位：＿＿＿＿＿＿　　　调查地点：＿＿＿＿＿＿＿＿＿　　年度：＿＿＿＿

调查日期		类型田	品种	生育期	调查株数	有虫株数	有虫株率（％）	调查叶片数	虫叶率（％）	调查果实数	果受害率（％）	备注
月	日											

3. 大田虫情普查

调查时间：在茶黄螨活跃期的9月中旬至11月下旬、翌年的2月下旬至5月。

调查方法：在草莓主要生产基地，选定植15d以后早、中、晚定植的主栽品种类型田各2~3块。调查的各类型田总数不少于10块。采用沿沟垄"一"字形跳跃式取样法，每10d调查1次，每田随机定点25个，每点2株，共取样50株，用20倍手持放大镜调查有虫株率及目测受害面积百分比。发生程度分级标准为：0级：有虫株率为0；1级：有虫株率≤25％；2级：有虫株率25.1％~50％，有点片的为害点叶片呈现变色；3级：有虫株率50.1％~75％，有点片造成茎干肿胀畸形、嫩叶停止生长成"秃顶"畸形，有少量的果实受害变色；4级：有虫株率＞75.0％，除叶片、茎干、嫩枝受害外，≥5％果实也严重受害。调查结果记入表3-15。

表3-15　草莓茶黄螨大田普查结果记载

调查单位：_____　调查地点：_____　年度：_____

调查日期		类型田	调查面积（m²）	生育期	调查株数	有虫株率（%）	发生为害程度级别	备注
月	日							

4.栽培管理和气象条件记载

调查大田寄主植物和自然天敌情况，调查记载草莓设施栽培、种植品种、肥水管理和药剂防治情况，观察记载温度、降水等天气情况，作为预测草莓茶黄螨发生的主要依据。调查结果记入表3-16。

表3-16　草莓栽培管理和气象资料记载

观测单位：_____　调查地点：_____　年份：_____

调查日期		观测地点	设施栽培	栽培品种	管理措施	药剂防治	天敌种类与数量	天气状况							备注
月	日							最高（℃）	最低（℃）	平均（℃）	降水（mm）	日照（h）	地表湿度	空气湿度	

（三）预测方法

1.大田虫情预测

根据测报点茶黄螨系统消长调查，在每年9月下旬至10月中旬前的初始发生期，汇总分析当前虫口的发生基数、中长期天气预报对下阶段虫情发生的影响等综合因素分析，向主要生产区发出趋势预报。当定点调查虫口密度上升较快，面上普查有虫株率达10%，株受害率达到2%，天气情况又有利其繁殖时，应立即发出防治预警预报。在7~10d内施药。

2.防治适期及防治对象田预报

防治适期 = 茶黄螨有虫株率10%~25%时，或茶黄螨转移大田扩散初期。

防治对象田 = 开花坐果期至采收中期的类型田。

二、绿色防控技术

（一）农业防治

实行水旱轮作。忌与辣椒等茄科类、瓜类、豆类等的茶黄螨寄主套种轮作。及时清理温室及周围的杂草，避免人为携带传播。

加强大棚温湿度的管理。合理调节灌水的时间，尽量采用膜下滴灌。合理开沟，避免田间渍水。加强温室的通风，尽量保持温室内部较低的湿度。

（二）生物防治

人工释放黄瓜钝绥螨或胡瓜钝绥螨。黄瓜钝绥螨雌成螨对茶黄螨卵、幼螨、成螨等各虫态均有很好的捕食能力，其中对幼螨的捕食能力最强。因此，将人工繁殖的捕食螨向田间释放，可有效控制茶黄螨为害。另外，畸螯螨及某些捕食性的蓟马、小花蝽等均为茶黄螨的自然天敌。在生产中，应注意保护天敌，控制对天敌杀伤力大的广谱性农药使用。

（三）物理防治

夏季7—8月温室、大棚闲茬期间，田间适当灌水，关好大棚风口，严格保持大棚的密闭性，持续10天以上，利用太阳的热量进行棚内高温消毒，起到杀虫灭菌的效果。

（四）药剂防治

茶黄螨生活周期短，繁殖力极强，应加强田间调查，及时采取有效的防治措施。当有虫株率10%、卷叶株率达2%时，掌握在初花期喷施，选用0.5%藜芦碱可溶液剂350~400倍液，或43%联苯肼酯悬浮剂2 500倍液防治，以后每隔10~15d喷1次，连续防治3次，控制害虫发生为害。

第五节　草莓烟粉虱

烟粉虱 *Bemisia tabaci* Gennadius，属同翅目粉虱科小粉虱属的一个复合种，俗称小白蛾，是一类世界性的害虫。原发于热带和亚热带区，20世纪80年代以来，随着国际贸易往来，烟粉虱借助花卉及其他经济作物的苗木迅速扩散，在世界各地广泛传播并暴发成灾。烟粉虱直接刺吸草莓等植物汁液，导致植株衰竭、枯萎，若虫和成虫还可以分泌蜜露，诱发煤污病的产生，密度高时，叶片呈现黑色，严重影响光合作用。另外，烟粉虱还可以在30种作物上传播70多种病毒病。

一、草莓烟粉虱的测报方法

（一）预测依据

1.形态特征

成虫：雌成虫体长0.87~0.95mm；雄成虫体长0.8~0.9mm。虫体淡黄白色到白色，翅和全身均被有蜡粉。复眼肾形红色，单眼两个，触角7节。翅白色无斑，前翅翅脉2条，第一条脉不分叉，停息时左右翅合拢约呈90°角，呈屋脊状，中间留缝，露出背部。足3对，跗节2节，爪2个。

卵：椭圆形下端有小柄，卵柄通过叶背气孔垂直插入叶片组织中。卵初产时淡黄绿色，后颜色加深至深褐色。卵散产，分布不规则。

若虫：分3龄，椭圆形。1龄体长约0.28mm，宽0.14mm，有触角和足，能爬行，有体毛，腹末端有1对明显的刚毛，腹部平、背部稍隆起，淡绿色至黄色，内有2个黄色点，成功取食后就固定下来，直到成虫羽化。2、3龄体长分别为0.38mm和0.50mm，淡绿色至黄绿色，足和触角退化仅剩1节，体缘分泌蜡质，体紧贴叶片。

伪蛹（或称4龄若虫）：长0.7~0.9mm，淡绿色或黄色，蛹边缘薄或自然下陷，无周缘蜡丝，胸气门和尾气门外常有蜡缘饰，在胸气门处呈左右对称；蛹背或有蜡丝；管状肛门孔后端有5~7个瘤状突起。

烟粉虱卵、若虫和成虫形态特征和为害状及引起煤烟病，见图3-12、图3-13。

图3-12　烟粉虱卵（左）、若虫（中）和成虫（右）

图3-13　烟粉虱为害状（左）、引起煤烟病（右）

2.发生消长规律

烟粉虱在浙江地区每年发生10多代。田间世代重叠严重（图3-14、图3-15）。烟粉虱的适宜生长发育温度范围为15~35℃，最适温度25~30℃，相对湿度为70%以下。夏秋干旱少雨有利烟粉虱的发生与为害。在浙江，烟粉虱主要以蛹在保护地栽培或室内养护的草莓、蔬菜和花卉等植物上越冬，翌年春季，这些越冬代蛹羽化为成虫后，继续留在保护地或室内的植物上生长繁殖为害，天气转暖后，部分烟粉虱成虫陆续迁往室外的草莓苗圃等场所的作物上繁殖为害，出梅后虫口数量迅速上升，7月中旬达到高峰，后逐渐下降。盛夏，部分烟粉虱在有控温设施的育

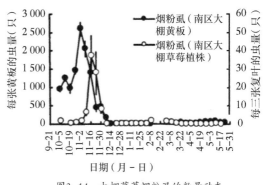

图3-14　大棚草莓烟粉虱的数量动态
（杭州华家池，孙红霞，2006—2007）

苗或蔬菜大棚内继续为害，大多烟粉虱外迁到室外植物上繁殖为害。9月大棚草莓定植后，在适宜的温湿度下烟粉虱迅速繁殖，10月底草莓田扣棚后露地里的烟粉虱也迁回大棚草莓上为害，11月中旬数量达到高峰，后随着天气转凉数量逐渐下降，进入越冬状态。

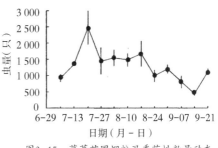

图3-15　草莓苗圃烟粉虱季节性数量动态
（杭州华家池，王娜，2006）

在25℃下，烟粉虱从卵发育到成虫需要18~30d不等（表3-17），其历期还取决于寄主植物种类。寄主为番茄时，在25℃，从卵至成虫羽化历期为16~23d，平均18d，雌成虫寿命为8~28d，平均19d。在5种温湿度不同龄期B型烟粉虱的发育期观测结果见表3-18。

烟粉虱成虫可雌雄二性生殖，也可孤雌生殖。成虫对黄色有较强的趋性，并有趋嫩习性，成虫总是随着植株生长不断追逐顶部的嫩叶产卵。成虫寿命、发育历期、产卵量等与温度有密切关系，当温度超过35℃时，成虫活动能力显著下降。每头雌虫可产卵30~300粒。产卵能力还与地理种群、寄主植物密切相关。

烟粉虱一般随作物种苗花卉等生鲜植物产品远距离传播，草莓异地育苗和草莓苗远距离调运给烟粉虱的扩散为害带来很大便利。

表3-17　人工饲养条件下的烟粉虱历期

日均气温（℃）	变温区间（℃）	1个世代历期（d）	日均气温（℃）	卵历期（d）
25.4	17.5 ~ 30	18	27	3
19.1	12.0 ~ 26.5	20.5	21.4	3.5
14.2	10.0 ~ 25.5	24	17.1	5
			18	6

注：温州市农科院，2005

表3-18　5种温度下不同龄期B型烟粉虱的发育历期（d）

温度（℃）	卵	1龄	2龄	3龄	伪蛹	卵－成虫
21	12.0 ± 0.5	7.1 ± 0.5	3.3 ± 0.6	4.2 ± 0.8	11.2 ± 1.0	37.4 ± 0.7
24	9.3 ± 0.2	4.3 ± 0.2	3.6 ± 0.4	2.4 ± 0.5	5.6 ± 0.4	25.1 ± 0.5
27	7.0 ± 0.2	3.7 ± 0.4	2.1 ± 0.3	3.3 ± 0.3	4.7 ± 0.4	20.7 ± 0.8
30	5.1 ± 0.5	3.1 ± 0.4	2.0 ± 0.6	2.1 ± 0.8	4.6 ± 0.8	16.3 ± 0.7
33	5.6 ± 0.2	4.7 ± 0.3	2.3 ± 0.1	3.2 ± 0.2	4.7 ± 0.2	20.6 ± 0.6

注：贵州大学，2010

3.影响发生的主要因素

（1）烟粉虱种群生物型。烟粉虱是由许多生物型（隐种）的地理种群组成的复合种，至少包含36个隐种（刘晓娜，2017）。不同生物型烟粉虱在植物寄主范围、地理分布、生殖能力、抗药性等生物学特性方面都存在差异（Brown et.dl，1995；Brown，2000）。这些差异导致在不同的烟粉虱发生区，因烟粉虱生物型不同，草莓所受为害程度有很大差异。杭州华家池草莓上烟粉虱是主要虫害之一（王娜，2007），建德市从2000年起在一品红上发现烟粉虱到2007年多地大棚蔬菜上暴发，多年来蔬菜等作物上常有较重为害。

（2）虫口基数。烟粉虱主要以蛹在保护地栽培或室内植物上越冬，春季越冬代蛹的数量是影响当年田间发生量的重要因素之一。大田虫源可由大棚上茬作物残留、随草莓种苗带入、周边蔬菜等植物上迁入。

（3）生态环境。园地周边大棚数量，栽培作物种类，栽培模式等，与当地烟粉虱发生量密切相关。周边烟粉虱喜食作物多，会带来大量的虫源。园地周边植物种类丰富，生态环境优良，天敌种类多，数量大，能在一定程度上抑制烟粉虱的暴发。

（4）气象条件。低温天气延缓烟粉虱生长繁殖速度；高湿多雨的天气不利于烟粉虱扩散转移，且有利于真菌性天敌对烟粉虱的寄生。夏秋干旱少雨，有利于烟粉虱发生为害。

（5）天敌因素。烟粉虱的天敌种类丰富。如蚜小蜂等寄生性天敌，瓢虫、猎蝽等捕食性天敌，虫生真菌等，对烟粉虱种群的增长起着重要的控制作用。

（二）调查项目与方法

1.成虫消长观测

调查时间：11月下旬至翌年3月下旬。

调查方法：黄板诱测。在草莓主要育苗或生产基地，区域生产面积大于1hm²，选择有代表性的早、中、晚茬口主栽品种，露地或大棚设施内挂设诱虫黄板3~5片，黄板长×宽为215mm×150mm，避免周边色块源的干扰，黄板直线排列，间距5m。挂置高度高出草莓叶片顶部15cm。双面涂黏虫胶。每3d调查1次，同时更换新黄板。每次调查应统一时间，清点黄板上的烟粉虱虫量（也可结合蓟马、蚜虫测报同时进行）。调查结果记入表3-19。

表3-19 烟粉虱黄板诱虫调查记载

观测单位：_____ 调查地点：_____ 年份：_____

调查日期		主栽品种	黄板诱虫数（头）						单板平均（头）	单板累计（头）	备注
月	日		1号	2号	3号	4号	5号	合计			

2.田间虫口系统调查

调查时间：11月底至翌年5月初。

调查方法：选择有代表性的早、中、晚茬口的主栽品种类型田2~3块，每5d调查1次。清晨露水未干时进行调查，五点取样，每点5株，共查25株，调查计算有虫株率、平均单株虫量。当烟粉虱发生量大时，可减少调查株数，重发时每点可只取1株的新、中、老3张叶片调查，计算单株虫量。调查结果记入表3-20。

表3-20 烟粉虱田间系统调查记载

观测单位：_____ 调查地点：_____ 年份：_____

调查日期		草莓主栽品种	生育期	调查株数	有虫株数	有虫株率（%）	虫量（头）			平均虫量（头/株）	备注
月	日						成虫	幼虫和蛹	合计		

3.大田普查

调查时间：12月上旬至翌年4月下旬。

调查方法：苗圃和大田调查，大田在定植10天以后开始，选早、中、晚茬主栽品种类型田各2~3块，总调查田块10块以上。采用五点取样法，每10d调查1次，每点20株，共查100株，调查有虫株率。发生程度分级标准为：0级，有虫株率为0；1级，有虫株率≤25%；2级，有虫株率25.1%~50%；3级，有虫株率50.1%~75%；4级，有虫株率>75.0%。调查结果记入表3-21。

表3-21 烟粉虱大田普查表

观测单位：＿＿＿＿＿＿＿　　　调查地点：＿＿＿＿＿＿＿　　　年份：＿＿＿＿＿＿＿

调查日期		作物名称	草莓主栽品种	生育期	调查面积（m²）	调查株数	有虫株率（%）	发生为害程度（级）	备注
月	日								

4.栽培管理和气象条件记载

调查记载草莓设施栽培、种植品种、肥水管理和药剂防治情况，观察自然天敌种类与数量，观察记载草莓主要生育期和气温、降水等情况，作为预测烟粉虱发生为害的重要依据，观测结果记入表3-22。

表3-22 草莓栽培管理和气象资料记载

观测单位：＿＿＿＿＿＿＿　　　调查地点：＿＿＿＿＿＿＿　　　年份：＿＿＿＿＿＿＿

调查日期		观测地点	设施栽培	栽培品种	管理措施	药剂防治	天敌种类与数量	天气状况							备注
月	日							最高（℃）	最低（℃）	平均（℃）	降水（mm）	日照（h）	地表湿度	空气湿度	

（三）预测方法

1.发生趋势预测

根据草莓烟粉虱的系统调查，在发生初期结合调查的虫口密度、虫态发育进度、草莓种植规模、定植进度、生育期状况、天敌等因子、中长期天气预报等进行综合分析，作出发生时期、发生数量和为害程度的预测。

2.防治适期及防治对象田的预报

根据烟粉虱发育历期，增殖倍数，结合当地气候条件，预测烟粉虱种群突增期或始盛期，即防治适期。防治指标为大田有虫株率5%~10%。

根据烟粉虱田间普查数据，分析面上发生普遍程度，确定防治对象田比例。

二、绿色防控技术

（一）农业防治

1.合理作物布局

草莓生产区域内和草莓苗圃周围避免种植茄科、豆科、瓜类等烟粉虱喜食作物。

2.水旱轮作

草莓与水稻进行季节性轮作，并清除田边杂草，以破坏烟粉虱生存场所，有助于减少田间虫源。

3.选用无病虫壮苗

设施育苗时要把苗床和生产温室分开，育苗前设施先彻底消毒，选用无病虫母苗。种苗上有虫时在定植前应先防除干净，做到草莓苗无虫落田。结合农事操作，随时去除植株下部衰老叶片，并带出保护地外处理。

（二）生物防治

释放丽蚜小蜂防治烟粉虱，当草莓每株有粉虱0.5~1头时，每株放蜂3~5头，10d放1次，连续放蜂3~4次，可基本控制其为害。另外释放微小花蝽、东亚小花蝽、中华草蛉等捕食性天敌对烟粉虱也有一定的控制作用。或用球孢白僵菌400亿个孢子/g可湿性粉剂1 500~2 000倍液喷施。

（三）物理防治

夏季闷棚进行高温消毒，可消灭田间虫源。大棚可在通风口安装防虫网阻隔成虫进入。在温室内设置黄板诱杀成虫，每亩设置黄板30~40块，底部高于草莓植株15~20cm，黄板粘满虫或黏性降低及时更换或重新涂粘虫胶。放蜂前撤走黄板。

（四）药剂防治

在烟粉虱发生初期（有虫株率5%~10%）时，选用对口药剂进行防治，提倡药剂的交替使用，以延缓害虫产生抗性，并严格控制安全间隔期，避免农药残留超标。

第六节　肾毒蛾

肾毒蛾（*Cifuna locuples* Walker），属鳞翅目毒蛾科，又称豆毒蛾、飞机毒蛾。主要为害草莓、大豆、绿豆、大白菜、茶、花卉等多种农作物及林木。初孵幼虫集中在叶背取食叶肉，高龄幼虫分散为害，食叶成缺刻或孔洞，严重时仅留主脉；也为害嫩芽、花及果实。肾毒蛾幼虫体上的长毛有毒，人体接触后会出现皮炎、斑疹和肿痛等反应。

一、草莓肾毒蛾的测报方法

（一）预测依据

1.草莓肾毒蛾的发生规律

（1）形态特征与生物学特性（图3-16）。

成虫：体长16~20mm，翅展雄蛾34~40mm，雌蛾43~50mm，雌蛾体色比雄蛾稍深。头胸部深暗褐色，腹部黄褐色，后胸和腹部第2、3节背面各有1个黑色短毛束。前翅内区前半部褐色，间白色鳞片，后半部白色，肾形横脉纹深褐色，微向外弯曲，内区布满白色鳞片，内横线为1条内侧衬以白色细线的褐色宽带。后翅淡黄带褐色。前、后翅反面黄褐色。口器退化。触角

图3-16　肾毒蛾

青黄色，雌蛾触角羽状，雄蛾触角栉齿状，栉齿褐色。

卵：半球形，初淡青绿色，渐变褐色。

幼虫：老熟幼虫体长约42mm，头部黑褐色具黑毛，有光泽。亚背线和气门下线为橙褐色间断的线。体被褐色次生刚毛，呈束状，前胸背板具褐色毛，两侧各有一黑色大毛瘤，上有前伸的黑褐色长毛束；其余各瘤褐色，上生白褐色毛，第1~4腹节背面有暗黄褐色短毛束，其中第1~2节背面各有两丛粗大黑褐色毛束似飞机的翼；第8腹节背面有黑褐色毛束；除前胸及第1~4腹节外，各瘤上具白色羽状毛；胸足黑褐色，每节上方白色，跗节具褐色长毛；腹足暗褐色。

蛹：长20~24mm，红褐色，背面长有长毛，腹部前4节具灰色瘤状突起，外围淡褐色稀疏丝茧。

（2）发生消长规律。浙江及长江流域常年发生3代，以幼虫在寄主植物的中下部叶片背面，或在树木枝干上以及其他杂草、枯叶中或地表下进行越冬。翌年3—4月开始为害，4月中下旬羽化，第一代幼虫发生期在5月中下旬；第二代卵盛期为6月下旬，幼虫为害盛期出现在7月上中旬，7月下旬化蛹。7月底至8月初第二代成虫羽化。8月上旬开始出现第三代卵，幼虫为害盛期在8月中下旬，10月前后3龄幼虫进入越冬。

肾毒蛾幼虫一般5~6龄。幼虫3龄前群聚于叶背剥食叶肉，使叶片成纱网状或孔洞状。高龄幼虫分散为害，食叶成缺刻或孔洞。严重时仅留主脉。4龄幼虫食量大增，5龄幼虫暴食期，每天可吃2~4片叶。老熟幼虫在叶背结茧化蛹。肾毒蛾成虫多在16：00前后羽化，刚羽化的肾毒蛾多匍匐于花木、草丛中不甚活动。肾毒蛾成虫具有趋光性，卵多产在叶片背面，每个卵块有卵50~200粒。

肾毒蛾食性杂，可为害多种植物，各个世代通常在不同植物间转移完成。草莓生育期长，肾毒蛾在草莓上可完成周年生活史。越冬代幼虫春季出蛰时草莓母苗已定植，露地草莓进入蕾、花期。肾毒蛾可以为害草莓花和果实，并影响草莓的育苗质量。

肾毒蛾可由成虫迁飞传播，但主要是幼虫借助寄主种苗、苗木调运携带进行远距离传播。

肾毒蛾在各种恒温下的虫态历期和成虫寿命见表3-23、表3-24。

表3-23　肾毒蛾在各种恒温下的各虫态历期（d）

虫态	16℃	20℃	24℃	28℃
卵	11.2	7.5	6	5.5
幼虫	94.4	78.75	47.5	41
预蛹	1	1	1	1
蛹	15.9	13.43	9.25	7.56
成虫(产卵前期)	6.1	4.33	3.67	1.47

表3-24　肾毒蛾成虫的寿命

性别	寿命（d）		平均温度（℃）
	幅度	平均	
雌	6~12	9.23	24
雄	3~9	6.14	
雌	5~6	5.5	28
雄	2~5	3.25	

注：表3-23、表3-24引自孙兴全，2002

2.影响发生的主要因素

（1）虫源基数。园地周边大豆或景观乔灌木寄主植物多，则有利于肾毒蛾虫量积累和越冬，增加虫源基数。

（2）寄主条件。肾毒蛾各个世代通常在不同植物间转移完成。若不同类型寄主植物配置在一起，或是相隔太近，复种指数高，有利于肾毒蛾转移过渡，连续繁殖为害。草莓等寄主过度密植有利于肾毒蛾各虫态隐蔽，躲过天敌捕食。

（3）天敌因素。肾毒蛾的天敌有鸟类、蛙类、蜘蛛、螳螂、寄生蝇、姬蜂、赤眼蜂、绒茧蜂等。自然天敌种类多，充分保护利用，则对其能起到很好的控制作用。

（二）调查项目与方法

1.成虫诱集观察

调查时间：与其他灯诱害虫结合进行。

调查方法：夜晚采用频振灯或黑光灯诱蛾，按灯管衰变特性及时更换灯管，逐日记载诱获的成蛾数量及当晚天气情况。调查结果记入表3-25。

表3-25　肾毒蛾成虫消长调查记载

调查单位：＿＿＿＿＿＿＿＿＿＿　调查地点：＿＿＿＿＿＿＿＿＿＿　年度：＿＿＿＿＿＿

调查日期		灯诱成虫（头）					天气情况	备注
		灯诱1		灯诱2		当天诱蛾量（头）	累计诱蛾量（头）	
月	日	雌	雄	雌	雄			

2. 虫口消长系统调查

调查时间：在草莓大田或苗圃定植后5d开始，至草莓收获期。

调查方法：按早、中、晚茬主栽品种类型田各2块。有条件的专业测报点可设面积不小于200m²的虫情自然消长观察圃1个，调查自然状态下的发生消长规律。采用棋盘式多点取样法，每5d调查1次，每田定点10个，每点定株5株，共取样50株，在傍晚或清晨调查有虫株率、卵块数、幼虫数（虫态发育进度）。调查结果记入表3-26。

表3-26　肾毒蛾田间虫口密度与发育进度调查表

调查单位：＿＿＿＿＿＿＿＿＿＿　调查地点：＿＿＿＿＿＿＿＿＿＿　年度：＿＿＿＿＿＿

调查日期		类型田	品种	生育期	调查株数	有虫株数	有虫株率（%）	卵块数	各龄幼虫数						株均虫口	发育进度（%）							备注
月	日								1龄	2龄	3龄	4龄	5龄	6龄		卵	1龄	2龄	3龄	4龄	5龄	6龄	

3. 卵块孵化进度调查

调查时间：各代产卵期。

调查方法：有条件的单位，可对观察圃查到的卵块做好标记，或在当地草莓田边的柳树、柿树、海棠、桂花、蔷薇等植物，或单行沿田边栽种大豆等高大植物100株，隔日调查卵量和每日观察卵块孵化情况，进行卵量消长及孵化进度分析。调查结果记入表3-26。

4.大田虫情普查

调查时间：从3月上中旬草莓苗定植开始至10月下旬。

调查方法：选早、中、晚茬口，在定植后的主栽品种类型田各2~3块。调查总田块数不少于10块。周边有大豆、柳树、桂花、蔷薇等寄主植物也应适量取样调查。采用对角线五点取样法，每10d调查1次，每田定点10个，每点定株5株，共取样50株，在清晨或傍晚调查有虫株率及发生程度。虫情分级标准：0级，有虫株率为0；1级，有虫株率≤25%；2级，有虫株率25.1%~50%；3级，有虫株率50.1%~75%；4级，有虫株率>75%。调查结果记入表3-27。

表3-27 肾毒蛾大田虫情普查结果汇总记载

调查单位：_____ 调查地点：_____ 年度：_____

调查日期		调查面积（m²）	寄主种类	生育期	调查株数	有虫株数	虫株率（%）	发生为害程度级别	备注
月	日								

5.栽培管理和气象条件记载

调查记载草莓设施栽培、种植品种、肥水管理和药剂防治情况，观察自然天敌种类与数量，观察记载草莓主要生育期和气温、降水等情况，作为预测肾毒蛾发生为害的重要依据，观测结果记入表3-28。

表3-28 草莓栽培管理和气象资料记载

观测单位：_____ 调查地点：_____ 年份：_____

调查日期		观测地点	设施栽培	栽培品种	管理措施	药剂防治	天敌种类与数量	天气状况							备注
月	日							最高（℃）	最低（℃）	平均（℃）	降水（mm）	日照（h）	地表湿度	空气湿度	

（三）预测方法

根据肾毒蛾各代防治后残留虫口密度、虫态发育进度、草莓定植进度、周边植被种类、生育状况、气候、天敌等因子，参考历史资料，进行综合分析，作出发生时期、发生数量和为害程度的预报。

1. 大田虫情预测

根据测报点肾毒蛾虫情系统消长调查，在第二代发蛾始盛期（5月中下旬前后的初始发生期），汇总分析当前各种植物上虫口的发生基数、中长期天气预报对下阶段虫情发生的影响等综合因素，向主要生产区发出发生趋势预报。

2. 防治适期

防治适期：幼虫2、3龄高峰期为防治适期，根据日均温度和肾毒蛾发蛾峰确定防治日期，即日均温度20~24℃为蛾峰日＋16~20d，日均温度24~28℃为蛾峰日＋14~16d，日均温度28℃以上为蛾峰日＋12~14d。

二、绿色防控技术

（一）农业防治

清除杂草，收获后翻耕晒土或灌水，以破坏或恶化其化蛹场所，有助于减少虫源。结合管理随手摘除卵块和群集为害的低龄幼虫，以减少虫源。16：00前后，刚羽化的肾毒蛾成虫不甚活动，可以人工捕杀。远距离调运草莓等植物种苗时要做好植物检疫工作，防范人为携带传播。

（二）物理防治

点灯诱蛾。利用成虫趋光性，于盛发期悬挂频振式杀虫灯等诱杀。大棚可在放风口安装防虫网阻隔成虫进入。

（三）生物防治

要注意保护和利用好鸟类、蛙类、蜘蛛、螳螂等天敌。在幼虫进入3龄暴食期前，使用200亿PIB/g核型多角体病毒水分散粒剂1 000~1 200倍液，或400亿个孢子/g球孢白僵菌可湿性粉剂1 500~2 000倍液，或8 000IU/mg苏云金杆菌可湿性粉剂400~800倍液喷施。

（四）药剂防治

根据田间虫情调查和预测预报，对虫量达到防治指标的，在肾毒蛾2、3龄幼虫高峰期用药防治。药剂参考斜纹夜蛾防治。

第七节　草莓棕榈蓟马

蓟马是草莓上的重要害虫，草莓上的蓟马有棕榈蓟马、花蓟马等，以棕榈蓟马为优势种。棕榈蓟马（*Thrips palmi* Karny），又称棕黄蓟马、瓜蓟马，属缨翅目蓟马科，该虫以成虫和若虫锉吸草莓嫩梢、嫩叶、花和幼果的汁液，被害嫩叶、嫩梢缩小变厚变硬，叶脉间有灰色斑点，或连成片；茸毛呈灰褐色或黑褐色，植株生长缓慢，节间缩短；叶片受害时，叶脉变黑褐色，严重受害时叶片上卷，顶叶不能展开；植株矮小，发育不良，或成"无心苗"；幼果受害后弯曲凹陷僵化，受害部位发育不良，种子密集，严重影响产量和质量。

一、草莓棕榈蓟马的测报方法

（一）预测依据

1.形态特征

成虫：雌成虫体长1.0~1.1mm，雄成虫体长0.8~0.9mm，淡黄色至橙黄色。触角7节，第1、2节橙黄色，第3节及第4节基部黄色，第4节的端部及后面几节灰黑色。头近方形，黄色单眼间鬃位于单眼连线的外缘。前胸后缘有缘鬃6根，中央两根较长。前后胸盾片上有纵向条纹，不形成网目状，后胸盾片网状纹中有一明显的钟形感觉器。四翅狭长，周缘具长毛，前翅上脉鬃10根，其中端鬃3根，下脉鬃11根。腹部8节，第2腹节侧缘鬃各3根；第8腹节后缘雌雄两性均有完整发达的凸起的栉毛。

卵：长椭圆形，长约0.2mm，黄白色，产卵于幼嫩组织内。

若虫：初孵幼虫极细，体白色；1~2龄若虫无单眼及翅芽，体色由白色转黄色；3龄若虫淡黄白色，有翅芽（预蛹）；4龄若虫体金黄色（伪蛹），单眼3个，翅芽伸达腹部的3/5，不取食。

2. 生物学特性

棕榈蓟马成（若）虫用其锉吸式口器刮破草莓植株幼嫩的表皮，吸食流出的汁液（图3-17）。成虫对黄色和植株的嫩绿部位有趋性，爬行敏捷、善跳、怕强光，嗜蓝色，当阳光强烈时则隐蔽于叶背或腋芽处、植株的生长点及幼果的茸毛内，迁飞在晚间和上午。成虫阴天和夜间出来活动，多在心叶和幼果上取食。

棕榈蓟马属渐变态昆虫，有卵、若虫、预蛹和蛹以及成虫等发育阶段，以孤雌生殖为主，偶有两性生殖。每雌虫产卵60~100粒，卵散产于叶肉组织内，卵期2~9d。若虫期3~11d，3龄末期停止取食，落土化蛹，蛹期3~12d，成虫寿命20~50d。在温度15~32℃，土壤含水量8%~18%时，化蛹和羽化率最高。

图3-17　草莓棕榈蓟马为害

3. 发生消长规律

棕榈蓟马在浙江建德、临海等地年发生10~12代，世代重叠。在野外多数以成虫在茄科、豆科、杂草或在土块、砖缝下及枯枝落叶间越冬，少数以若虫越冬。在夏、秋两季高温干旱时发生重。常年在4月始见，5—9月为发生盛期，作物收获后成虫逐渐向越冬寄主转移。

棕榈蓟马在草莓保护地内年发生有3个高峰期，分别在3月、5月下旬和10月。在设施栽培中没有越冬现象，可周年发生为害。发育适温为15~32℃，温度低于2℃时仍能成活。夏季棚室内完成1个世代7~10d。

4. 影响发生的主要因素

（1）寄主植物与栽培方式。棕榈蓟马寄主植物多，除为害草莓外，还为害茄科、葫芦科、十字花科、蔷薇科等多种植物，育苗地及周边环境种植作物复杂，虫源难以控制，草莓成苗带虫率高。草莓设施栽培有利于棕桐蓟马发生为害，棕榈蓟马没有越冬现象，由于草莓棚室内气温较高，冬季仍能发生为害。棕榈蓟马虫体形小，藏匿于幼嫩部位的茸毛底下，潜伏于花心、花瓣的重叠处，具有很强隐蔽性，为害轻时难于发现，虫卵埋在叶肉组织中，假蛹落在土里，导致常规农药难以触杀到虫体。

害虫生物学特性与种群基数。棕榈蓟马年发生代次多，产卵量大，产卵期长，世代重叠现象明显。草莓苗期和开花挂果期，生态环境条件适宜，繁殖能力强，繁殖周期短，种群数量上升快，往往会造成严重为害。

自然天敌与气候因素。棕榈蓟马的天敌种类较多，包括花蝽、捕食螨、寄生蜂、真菌和线虫等，化学农药的广泛使用杀伤了天敌，天敌自然控制能力下降。同时，大棚设施栽培也阻隔影响了周围环境中天敌生物的进入。棕榈蓟马发育适温为15～32℃，夏秋季高温干旱有利于虫害发生，若秋冬季雨水偏多、气温偏低，则不利于虫害的发生。

（二）调查项目与方法

1.成虫诱集

调查时间：草莓育苗至成熟期。

调查方法：选择有代表性的早、中、晚茬的草莓主栽品种类型田各2块（棚），每块田（棚）悬挂粘虫黄板3～5片，黄板悬挂高度比草莓植株顶端高10～15cm，每隔5d调查1次，并换新的粘虫黄板，调查统计诱集成虫数量，观测结果记入表3-29。

表3-29 草莓棕榈蓟马消长调查记载

观测单位：_____ 调查地点：_____ 年份：_____

调查日期		观测品种	田块1		田块2		田块3		当天诱螨量（头）	平均单板诱螨量（头）	累计单板诱螨量（头）	备注
月	日		黄板a	黄板b	黄板a	黄板b	黄板a	黄板b				

2.虫口系统监测

调查时间：草莓育苗至成熟期。

调查方法：选择有代表性的早、中、晚茬的草莓主栽品种类型田各2

块（棚）。采用对角线五点取样法，每点定株5株，共取样25株，每5d调查1次，调查虫口数量，计算有虫株率和单株虫量，调查结果记入表3-30。

表3-30　草莓蓟马发生为害情况调查记载

观测单位：＿＿＿＿＿＿＿　　　调查地点：＿＿＿＿＿＿＿＿＿＿＿　　年份：＿＿＿＿＿

调查日期		观测草莓品种	草莓生育期	调查株数	有虫株数	虫口数量（头）			有虫株率（%）	单株虫量（头）	发生为害程度	备注
月	日					成虫	若虫和蛹	合计				

3.大田虫情普查

调查时间：草莓苗期、开花结果期。

调查方法：选择有代表性的早、中、晚茬的草莓主栽品种类型田各3块（棚）。采用五点取样法，每点调查10株，共取样50株，调查虫口数量，计算有虫株率，以有虫株率高低作为发生程度的分级指标，调查结果记入表3-30。

4.栽培管理和气象条件记载

调查记载草莓设施栽培、种植品种、肥水管理和药剂防治情况，观察自然天敌种类与数量，观察记载草莓主要生育期和气温、降水等情况，作为预测棕榈蓟马发生为害的重要依据，观测结果记入表3-31。

表3-31　草莓栽培管理和气象资料记载

观测单位：＿＿＿＿＿＿＿　　　调查地点：＿＿＿＿＿＿＿＿＿＿＿　　年份：＿＿＿＿＿

调查日期		观测地点	设施栽培	栽培品种	管理措施	药剂防治	天敌种类与数量	天气状况							备注
月	日							最高（℃）	最低（℃）	平均（℃）	降水（mm）	日照（h）	地表湿度	空气湿度	

（三）预测方法

草莓棕榈蓟马的发生，受虫口发生基数、寄主植物、栽培管理、天敌因子、药剂防治和气候条件等因素的综合影响。当田间寄主植物种类多，棕榈蓟马虫口基数高，自然天敌控制能力弱，气温持续偏高，雨水偏少时，则棕榈蓟马有较严重发生为害趋势。

根据测报点棕榈蓟马虫情系统消长调查，在草莓棕榈蓟马有虫株率5%～10%的初始发生期，汇总当前虫口的发生基数、中长期天气预报对下阶段虫情发生的影响等综合因素分析，向主要生产区发出预警趋势预报。

二、绿色防控技术

（一）防控对策

为害草莓的棕榈蓟马虫体小，隐蔽性强，世代重叠，发生和为害期长，易产生抗药性，单一使用化学药剂防治很难奏效，而且草莓果实需连续采收，安全间隔期难以保证，因此，必须根据棕榈蓟马的发生为害特点，坚持"预防为主、综合防治"的植保方针，采用农业、生物、物理和化学药剂防治相结合的方法，综合控制该虫发生为害。

（二）综合防治技术

1.农业防治

合理安排茬口，减少插花种植，减少蓟马为害。清除田间残枝、杂草，消灭虫源，夏季休耕期进行高温闷棚，起垄前用石灰氮或棉隆土壤消毒，可同时灭除土中的虫卵虫蛹、病原菌、杂草种子等。用营养钵育苗，培育无虫苗；定植前打出嫁药，防止草莓苗带虫传入大田。栽培时用地膜覆盖，减少出土成虫数量。在棚室通风口处设置防虫网，隔绝外来虫源；及时采摘受害病虫老叶、花果，封闭带出棚外，集中深埋或烧毁，减少室内虫口。

2.粘虫板诱杀

棕榈蓟马对黄色、橙色有较强的趋性，在田间设置黄色粘虫板，对害虫有较好的诱杀效果。在棕榈蓟马成虫发生期，每个大棚悬挂黄色粘虫板10～15张，每隔10～15m悬挂1张，诱虫粘满时及时更换黄板。

3. 天敌保护利用

棕榈蓟马天敌种类较多，尽量少用广谱性农药，以保护捕食螨、寄生蜂等自然天敌。有条件的，可人工饲养和释放捕食螨，在棕榈蓟马虫口显著上升的初期，密度尚较低时释放，将袋装捕食螨的离纸袋一端2~3cm处撕开深2~3cm的口子，挂于草莓植株上，或将带有捕食螨的叶片撒放在草莓植株上。

4. 化学药剂防治

草莓育苗期和开花结果期，应加强棕榈蓟马的发生为害动态的调查监测与预测预报，当查到棕榈蓟马有虫株率5%~10%的初始发生期，可结合草莓蚜虫等虫害进行药剂防治，防治草莓蚜虫和棕榈蓟马等小型害虫，可选用1.5%苦参碱可溶液剂1 000~1 200倍液，或10%吡虫啉可湿性粉剂2 000~2 500倍液喷雾防治。要注意农药的合理交替轮换使用，防止害虫产生抗（耐）药性。

第八节　草莓短额负蝗

短额负蝗（*Atractomorpha sinensis I.* Bolivar），属直翅目蝗科，又称中华负蝗、尖头蚱蜢。全国各地都有分布，但以我国东部地区发生居多。食性杂，主要为害草莓、蔬菜、花卉等作物，是草莓常见的害虫之一。其成虫及若虫取食草莓等农作物的叶片，不仅影响植株的光合作用，而且还可传播细菌性病害。

一、草莓短额负蝗的测报方法

（一）预测依据

1.短额负蝗的发生规律

（1）形态特征与生物学特性。

成虫：雄虫体长19~25mm，雌虫体长28~45mm，体草绿色（图3-18），秋天多变为红褐色。头部削尖，向前突出，侧缘具黄色瘤状小突起。顶端着生一对触角，剑状粗短。绿色型成虫自复眼后下方到前胸背板侧面下缘有淡红色的纵走条纹；体表侧缘具黄色瘤状小颗粒，前翅狭长，超过腹部；后翅短于前翅，基部红色，端部淡绿色。

卵：长椭圆形，长约3.5mm，淡黄色至黄褐色。弯曲，一端较粗钝，卵粒3~5行倾斜排列。卵块外有黄褐色胶丝状分泌物包裹，易散开。

若虫：共4~6龄。1龄若虫体长3~5mm，体草绿略带黄色（图3-18），前足、中足褐色，有若干棕色环，全身布满瘤状小突起；2龄若虫体色渐绿，前、后翅芽可辨；3龄若虫的前胸背板稍有凹陷或平直，翅芽明显，前、后翅芽分开，盖住后胸至少一半或全部；4龄若虫的前胸背板后缘中央稍向后突出，后翅翅芽在外侧盖住前翅芽，开始合拢于背上；5龄若虫的前胸背板向后方突出，大小形似成虫，翅芽增大，盖住或稍超过腹部第

3节。

图3-18　短额负蝗的若虫和成虫

（2）发生消长规律。浙江及长江流域地区年发生2代。为害高峰期在秋季，以卵在沟边地头土下越冬。常年5月中旬至6月上旬陆续孵化。若虫7月上中旬逐渐羽化为成虫，7月中旬至8月上旬为产卵盛期，一代成虫产卵后陆续死亡。8月中下旬是二代若虫孵化盛期。9月中下旬二代成虫羽化，10月中下旬产下越冬卵，11月下旬开始二代成虫陆续死亡。

若虫在一天中以上午蜕皮或羽化的较多，下午较少。低温、阴雨天气及夜间不蜕皮和羽化。羽化后8~19d开始交尾。交尾后雄虫仍负在雌虫背上，数天不散。每雌虫可产卵1~4块25~350粒。据韩凤英等研究，短额负蝗卵发育起点温度c=4.47±0.33℃，卵期有效积温K=641.1d•℃。一天中卵多集中在11：00~15：00孵化，其他时间孵化较少。低温及阴雨天气不孵化。卵多产于多杂草、高燥向阳的道边、渠埂、堤岸的沙性土中，深度30~50mm。短额负蝗各虫态历期和室内自然变温条件下卵发育历期见表3-32，表3-33。

成虫、若虫白天活动，喜栖于湿度大、植被多、枝叶茂密处或沟、灌渠两侧的向阳地带。初孵若虫取食田边幼嫩杂草，3龄后扩散到草莓或其他植物上为害。3龄前取食较少，4龄起食量猛增，成虫期的食量远远大于若虫期。短额负蝗成虫善于跳跃或近距离飞行，但活动范围较小，无远距离迁飞习性。

表3-32　短额负蝗各虫态历期（d）

日平均气温	1龄	2龄	3龄	4龄	全若虫期
25.3℃	7.5	8.9	7.4	15.7	39.5

表3-33　室内自然变温条件下短额负蝗卵发育历期

平均温度（℃）	发育历期（天）	发育速率
28.9	26.6	0.037 6
28.2	27.4	0.036 5
27.4	28.1	0.035 6
23.1	33.6	0.029 8
22.2	35.6	0.028

2.影响发生的主要因素

（1）越冬虫口基数。短额负蝗以卵在沟边、田埂及荒地等疏松的土壤中越冬，当越冬卵密度高、分布广、死亡率低时，则发生量大，草莓育苗期和定植初期为害较重，特别是周边荒地多时受害更重；相反，当越冬卵少，死亡率高时，则当年发生为害就轻。

（2）土壤与环境。田地表土疏松适中，干湿适宜，则有利于短额负蝗产卵及卵的成活和孵化。据及尚文等研究，当土壤含水量在15％~20％时，卵的成活率可达78％以上，孵化率也较高（表3-34）。相反，土壤含水量过低或过高，都不适宜卵的成活和孵化。不同产卵场所光照、温度、积温的差异，也会影响卵的历期，导致孵化历期较长，若虫龄期不整齐的现象。耕作粗放、田间杂草丛生，则有利于其发生、繁衍。周边抛荒田面积大，沟边、田埂、荒地等场所杂草茂盛，虫量不断累积，会造成短额负蝗日趋严重。

表3-34　短额负蝗卵成活率与土壤湿度的关系

调查日期（月/日）	土壤含水量（％）	调查卵粒数	其中				
			活卵数	死卵数	卵成活率（％）	孵化数	孵化率（％）
5/20	7.9	255	114	141	44.71		
5/20	1.3	250	0	250	0		
5/20	23.1	520	512	8	98.5		
6/14	15.5	71	56	15	78.9		
6/26	21.2	166	154	12	92.7		
6/27	2.2	3 426	—	2 755	—	491	14.3
7/7	20.5	325	10	—	—	225	95.7

注：及尚文等，1995

（3）气象条件。气候变暖，冬、春气温偏高，雨雪偏少，有利于短额负蝗卵的越冬和孵化；若严寒天气持续时间长，春季低温多雨，则越冬卵的死亡率明显提高。5—6月雨量适中，有利于若虫的取食和成长；若降水集中、强度大，则会导致低龄若虫成活率降低。

（4）自然天敌。短额负蝗天敌种类较多，有步甲、螳螂、蛙类、鸟类等捕食性天敌，卵寄生蜂、线虫、真菌等寄生性天敌。天敌的种类与数量是影响其发生重要因子。

（二）调查项目与方法

1.蝗卵调查

调查时间：蝗卵发生期。

调查方法：在上年短额负蝗发生较重的区域，从沟渠、田埂、荒草地各选择有代表性的样本2~3块，越冬卵从4月1日开始，二代卵从7月21日开始，每10d调查1次，每代卵查3~4次。五点取样，每点1m²。调查时铲起表面3~5cm的土层，掰碎土块检查卵块数，统计各样方卵块数，计算蝗卵密度。

蝗卵死亡率调查：将每个样方查到的卵块剖开，检查卵块的存活情况、分析死亡原因，计算越冬蝗卵死亡率。

蝗卵发育进度调查：在检查蝗卵死亡率时，按不同类型样地分别取活卵50粒，在解剖镜下检查蝗卵的胚胎发育情况，计算蝗卵的发育进度。调查结果记入表3-35。

表3-35 短额负蝗蝗卵的密度、死亡率及发育进度调查表

观测单位：＿＿＿＿＿＿＿ 调查地点：＿＿＿＿＿＿＿ 年份：＿＿＿＿

调查日期		类型田	调查面积（m²）	卵块数	卵粒数	折每亩卵块数	死卵		死亡原因									检查卵块数	检查卵粒数	胚胎发育期								备注
									干瘪		霉烂		寄生		捕食		其他				原头期		胚转期		显节期		胚熟期		
月	日						粒数	%	粒数	%	粒数	%	粒数	%	粒数	%	粒数	%			粒数	%	粒数	%	粒数	%	粒数	%	

2.虫口发育进度调查

调查时间：蝗虫发生期。

调查方法：选择2~3个不同生态类型的区域，从若虫出土始期后5d

开始定田系统调查，每5d调查1次，至羽化盛期为止。每块田随机网捕5~10点，每点1m²。每次捕获虫量100头以上。分别统计各龄期若虫或成虫。调查结果记入表3-36。

表3-36 短额负蝗若虫发育进度调查表

观测单位：_____ 调查地点：_____ 年份：_____

调查日期		调查地点	类型田	取样面积(m²)	成虫数量	若虫数量	各龄若虫(头)											备注
月	日						1龄	%	2龄	%	3龄	%	4龄	%	5龄	%	

3. 虫口密度调查

调查时间：蝗虫发生期。

调查方法：选择短额负蝗发生程度不同的类型田，分别在若虫低龄（1~2龄）盛期、中龄（3龄）盛期、高龄（5龄）盛期、一代成虫盛期各调查1次。每类型调查2~3块田，采用平行跳跃法取样。按虫口密度低、中、高的不同发生田块，每块田分别抽查草莓500株、200株或50~100株。调查并记载虫口数量，计算虫口密度。调查结果记入表3-37。

表3-37 短额负蝗若虫密度调查表

观测单位：_____ 调查地点：_____ 年份：_____

调查日期		调查地点	类型田	生育期	调查面积(m²)	调查株数	虫口数量(头)	折每亩虫口数量(头)	备注
月	日								

4. 大田虫情普查

调查时间：蝗虫发生期。

调查方法：从若虫出土始期后5d开始至11月下旬。育苗期选不同长势的苗田，定植田选早、中、晚茬口的主栽品种类型田各2~3块。调查总田块数不少于10块。采用五点取样法，每田定点10个，每点定株5株，共取样50株。每10d调查1次，在清晨或傍晚调查有虫株率，统计大田虫情各级发生程度面积。虫情分级标准：0级，有虫株率为0；1级，有虫株率≤25%；2级，有虫株率25.1%~50%；3级，有虫株率50.1%~75%；4级，有虫株率>75.0%。调查结果记入表3-38。

表3-38　短额负蝗大田虫情普查记载

观测单位：_____　　　　调查地点：_____　　　　年份：_____

调查日期		品种	生育期	调查面积 (m²)	调查株数	有虫株数	虫株率 (%)	发生为害程度 (级)	备注
月	日								

5.栽培管理和气象条件记载

调查记载草莓设施栽培、种植品种、肥水管理和药剂防治情况，观察自然天敌种类与数量，观察记载草莓主要生育期和气温、降水等情况，作为预测短额负蝗发生为害的重要依据，观测结果记入表3-39。

表3-39　草莓栽培管理和气象资料记载

观测单位：_____　　　　调查地点：_____　　　　年份：_____

调查日期		观测地点	设施栽培	栽培品种	管理措施	药剂防治	天敌种类与数量	天气状况							备注
月	日							最高 (℃)	最低 (℃)	平均 (℃)	降水 (mm)	日照 (h)	地表湿度	空气湿度	

（三）预测方法

根据短额负蝗有效卵量、卵孵化情况、虫态发育进度、草莓生长状况、气候、天敌等因子，参考历史资料，进行综合分析，作出发生时期、发生数量和为害程度的预报。

1.发生期预测

若虫出土期预测：蝗卵发育进度分级法。根据不同类型田蝗卵的发育进度，参照短额负蝗在变温气候条件下不同胚胎发育至出土期所需天数，结合当地气象条件预测若虫出土期。有效积温法。根据若虫发育起点温度和有效积温，结合当地近期天气预报，对蝗卵孵化期进行预测。

3龄盛期预测：根据短额负蝗各虫态发育历期表，结合当地气候条件，用历期法预测，由孵化盛期预测3龄盛期。

2.发生量预测

长期趋势预测：根据上代短额负蝗发生程度，残蝗密度，期间气象条件、草荒程度等综合分析，预测次年短额负蝗发生趋势。

中、短期预测：根据普查的蝗卵密度、卵成活率、低龄若虫数量，结合中短期天气预报、天敌、防治等情况，预测3龄若虫密度及发生为害面积。

二、绿色防控技术

（一）农业防治

发生重的地区，在冬前浅铲园地及周围沟、渠和田埂杂草，消灭土下的卵块。做好农田水利基本建设，沟渠配套，恶化蝗虫的生存环境。

（二）生物防治

保护利用天敌。人工捕捉或放鸡啄食，保护蜘蛛类、蚂蚁类、蛙类和鸟类等短额负蝗的捕食性天敌。对中、低密度区，在若虫进入3龄暴食期前，用金龟子绿僵菌100亿个孢子/g油悬浮剂600~800倍液，或球孢白僵菌400亿个孢子/g可湿性粉剂1 500~2 000倍液喷施。

（三）药剂防治

对高密度区，在成虫、若虫盛发期，选用1%苦参碱可溶液剂1 000倍液，或25%吡虫啉可湿性粉剂4 000倍液等，进行喷雾防治。

第九节　草莓点蜂缘蝽

点蜂缘蝽 *Riptortus pedestris* Fabricius，属半翅目，缘蝽科，别名白条蜂缘蝽、豆缘蝽象。我国大部分地区均有分布。主要为害菜豆、豇豆、蚕豆、豌豆、绿豆、大豆等豆科植物，亦为害草莓、丝瓜、红薯、棉花、水稻、麦类、高粱、玉米、甘蔗等。以成虫和若虫刺吸寄主汁液，致使寄主蕾、花凋落，果实畸形，豆类果荚不实或形成瘪粒，严重时全株枯死。

一、草莓点蜂缘蝽的测报方法

（一）预测依据

1.点蜂缘蝽的发生规律

（1）形态特征与生物学特性。

成虫：体长15~17mm，宽3.6~4.4mm，体狭长，黄棕至黑褐色，被白色绒毛（图3-19）。头三角形，后部细缩如颈。触角第1节长于第2节，第4节长于第2、3节之和，第1~3节端部稍膨大，节基端半部色淡，第4节基部色淡。喙长至中足基节处。头胸部两侧的黄色光滑斑纹呈点状或消失。前胸背板及胸侧板具不规则的黑色颗粒，前胸背板前缘具领片，后缘具2个弯曲的刺状侧角。小盾片三角形。臭腺沟长，向前弯曲，几乎达到后胸侧板的前缘。前翅膜片淡棕褐色，雄虫长于腹末，而雌虫较短。腹部侧缘外露，黄黑相间。腹下散生多数不规则小黑点。足与体同色，胫节中段色稍淡；后足腿节粗大，有黄色横斑，腹面具一列黑刺，4个较长，其余小齿状，后足胫节向内弯曲。

卵：长约1.3mm，宽约1.1mm。半卵圆形，附着面呈扇形，上面平滑，中间略显一条横形带脊。

若虫：共5龄。1~4龄形似蚂蚁，腹部膨大，体密布白色绒毛，5龄形似成虫，仅翅较短（图3-19）。各龄体长：1龄2.8~3.4mm，2龄4.6~4.8mm，3龄6.9~8.8mm，4龄9.8~11.4mm，5龄12.8~14.1mm。

图3-19　点蜂缘蝽若虫与成虫

（2）发生消长规律。在浙江地区常年发生3代，以成虫在露地栽培的草莓株间、田间残留的秸秆、枯枝落叶和草丛中越冬。翌年3月中下旬开始活动，4月下旬至6月上旬产卵于草莓等作物的叶背、嫩葡匐茎和叶柄上。第一代卵于5月上旬至6月中旬孵化，6月上旬至7月上旬若虫羽化为成虫，6月中旬至8月中旬产卵。第二代卵于6月中旬末至8月下旬孵化，若虫于7月中旬至9月中旬羽化为成虫，8月上旬至10月下旬产卵。第三代卵于8月上旬末至11月初孵化，9月上旬至11月中旬若虫羽化为成虫，并于10月下旬以后陆续潜伏越冬。不同温度下点蜂缘蝽各虫态发育历期和各龄期发育历期分别见表3-40、表3-41。

表3-40　不同温度下点蜂缘蝽各虫态发育历期

温度（℃）	历期（d）		
	卵	若虫期	成虫期
16	33.13±0.85	—	—
20	12.69±0.31	40.56±1.99	53.31±1.47
24	9.02±0.24	24.90±0.59	49.55±2.14
28	6.77±0.54	20.09±1.87	15.64±1.08
32	5.25±0.50	12.10±0.73	4.17±0.63

表3-41　不同温度下点蜂缘蝽各龄期发育历期

温度（℃）	历期（d）				
	1龄	2龄	3龄	4龄	5龄
16	12.25±0.50	19.38±0.48	—	—	—

温度（℃）	历期（d）				
	1龄	2龄	3龄	4龄	5龄
20	3.97±0.44	7.31±0.55	7.22±0.21	9.03±1.16	13.09±0.79
24	2.98±0.15	4.74±0.12	4.63±0.34	4.84±0.61	7.73±0.30
28	1.46±0.34	3.98±0.41	3.83±0.56	3.86±0.28	6.96±0.72
32	1.00±0.00	2.56±0.32	2.67±0.12	2.48±0.27	3.40±0.24

注：表3-40、表3-41引自陈菊红，2018

点蜂缘蝽的成虫和若虫均可为害草莓，以管状喙刺吸植株的嫩茎嫩叶花、果的汁液。在草莓育苗期匍匐茎抽生时，是点蜂缘蝽为害的高峰，常群集为害，造成草莓匍匐茎萎蔫，发苗受阻。成虫似蜂类，行动敏捷善飞，早晚温度低时较迟钝，并栖息于向阳处，阳光强烈时又移至叶背栖息。卵多散产于寄主叶背、嫩茎和叶柄上，每雌产卵21~49粒，平均30余粒。成虫和若虫极活跃，早、晚温度低时稍迟钝。成虫需吸食植物花、嫩果等生殖器官后，才能正常发育及繁殖。点蜂缘蝽刺吸草莓植株造成伤口，传播病毒病，增加炭疽病等病害发病率。

2.影响发生的主要因素

（1）虫口基数。若草莓园地或周边连年种植豆类，并且面积比例较高，管理粗放，冬前地边秸秆、枯枝落叶得不到及时有效地清理，则点蜂缘蝽的越冬成虫虫口基数大，翌年发生为害程度上升。

（2）生态环境。豆类是点蜂缘蝽的主要寄主，其次是草莓、棉、麻、丝瓜等。当园地附近菜豆、豇豆、大豆等豆科作物较多时有利于点蜂缘蝽的发生。特别是周围豆类作物倒茬后，会转入草莓田为害。

（3）气象条件。点蜂缘蝽最适宜的生长繁殖温度为24℃，20~28℃时繁殖系数较高。当年度气温变化平稳，夏季极端高温不明显时，有利于点蜂缘蝽的发生。

（4）天敌因子。点蜂缘蝽的捕食性天敌有蜘蛛、猎蝽、螳螂和蜻蜓等，寄生性天敌有黑卵蜂、虫生真菌等，对控制其发生为害具有重要作用。

（二）调查项目与方法

1.虫情消长调查

调查时间：草莓苗圃定植后开始调查，每5d调查1次。

调查方法：按早、中、晚茬主栽品种类型田各2块，采用棋盘式多点取样法，每田定点10个，每点定株5株，共取样50株，在傍晚或清晨调查有虫株率、卵量、若虫数。调查结果记入表3-42。

表3-42　点蜂缘蝽田间虫口密度与发育进度调查表

调查单位：_____　　调查地点：_____　　年度：_____

调查日期		类型田	品种	生育期	调查株数	有虫株数	有虫株率（%）	卵块数	各龄若虫数					成虫	株均虫口	发育进度（%）							备注
月	日								1龄	2龄	3龄	4龄	5龄			卵	1龄	2龄	3龄	4龄	5龄	成虫	

2. 卵孵进度调查

调查时间：点蜂缘蝽产卵期。

调查方法：有条件的单位，可对观察圃查到的卵粒做好标记，或在当地草莓田沿田边栽插大豆等豆类作物100株，隔日调查卵量和每日观察卵粒孵化情况，进行卵量消长及孵化进度分析。调查结果记入表3-43。

表3-43　点蜂缘蝽卵孵进度调查记载

调查单位：_____　　调查人：_____　　年度：_____

调查日期		地点	寄主种类	总卵粒数	当日孵化数	累计孵化粒数	孵化率（%）	死卵粒数	备注
月	日								

3. 大田虫情普查

调查时间：从4月中旬开始至10月下旬。

调查方法：选早、中、晚茬口，在定植后的主栽品种类型田各2~3块。调查总田块数不少于10块。周边有豆类等寄主植物也应适量取样调查。采用对角线五点取样法，每10d调查1次，每田定点10个，每点定株5株，共取样50株，在清晨或傍晚调查有虫株率及发生程度。虫情分级标准：0级，有虫株率为0；1级，有虫株率≤25%；2级，有虫株率25.1%~50%；3级，有虫株率50.1%~75%；4级，有虫株率>75%。调查结果记入表3-44。

表3-44　点蜂缘蝽大田虫情普查结果汇总记载

调查单位：_____　调查地点：_____　年度：_____

| 调查日期 | | 调查面积（m²） | 寄主种类 | 生育期 | 调查株数 | 有虫株数 | 虫株率（%） | 发生为害程度级别 | 备注 |
月	日								

（三）预测方法

根据点蜂缘蝽各代防治后残留虫口密度、虫态发育进度、草莓定植进度、周边植被种类、生育状况、气候、天敌等因子，参考历史资料，进行综合分析，作出发生时期、发生数量和为害程度的预测。

1.大田虫情预测

根据测报点点蜂缘蝽虫情系统消长调查，在各代成虫始盛期，汇总当前各种植物上虫口的发生基数、中长期天气预报对下阶段虫情发生的影响等综合因素分析发生动态，向主要生产区发出发生为害趋势预报。

2.防治适期

防治适期为点蜂缘蝽低龄若虫盛期，根据日均温度和点蜂缘蝽成虫高峰确定防治适期，即日均温度20~24℃为成虫高峰日+16~23d，日均温度24~28℃为成虫高峰日+12~16d，日均温度28℃以上为成虫高峰日+8~12d。

二、绿色防控技术

（一）农业防治

冬前深耕，或前茬作物收获后及时清除田间秸秆、枯枝落叶和杂草，集中烧毁或覆土拍实沤肥，消灭部分越冬成虫。水旱轮作倒茬，尽量不与豆类轮作。培肥地力，增施有机肥，培育壮苗，增强草莓植株抗逆性。

（二）生物防治

保护利用天敌。保护蜘蛛类、猎蝽、螳螂和蜻蜓等点蜂缘蝽的捕食性天敌，黑卵蜂等寄生性天敌。对中、低密度发生田，在低龄若虫盛期，用金龟子绿僵菌，或球孢白僵菌制稀释液喷施。

（三）药剂防治

在低龄若虫盛期，选用10％吡虫啉可湿性粉剂，均匀喷雾防治。施药宜在早晚气温较低、点蜂缘蝽活动迟缓时进行。

第十节　麻皮蝽和茶翅蝽

麻皮蝽（*Erthesina fullo* Thunberg）别称黄斑蝽、麻纹蝽、臭大姐；茶翅蝽 *Halyomorpha halys* Stal别称臭木蝽、茶色蝽，均属于半翅目，蝽科。两种蝽象全国各地均有分布。食性杂，除为害草莓外，还为害多种果树、林木、花卉。成、若虫刺吸枝干、茎、叶、蕾、花及果实汁液，造成新梢先端凋萎或枯死，叶片出现黄褐色斑点或提前脱落，蕾、花异常，果实畸形。

一、草莓麻皮蝽和茶翅蝽的测报方法

（一）预测依据

1.麻皮蝽和茶翅蝽的发生规律

（1）形态特征与生物学特性。

①麻皮蝽：

成虫：体长20~25mm，宽10~12mm。体棕褐至黑褐色，密布黑色刻点（图3-20），并具不规则、细碎的黄斑。头部狭长。触角黑色分5节，基节短而粗大，第5节基部1/3浅黄色。喙4节浅黄色，末节黑色，达第3腹节后缘。头部前端至小盾片前缘有1条黄色细中纵线。前胸背板前缘及前侧缘具黄色脊边，前侧缘略呈锯齿状。足黑褐色，各腿节从基部向端部生

图3-20　麻皮蝽若虫（左）、成虫（中）和茶翅蝽成虫（右）

出两条浅黄色斑纹，各胫节中段及跗节具淡黄绿色环斑，腹面中央具一纵沟，长达第5腹节。

卵：近鼓形，直径约0.9mm，高约1mm，灰白色，顶端具盖，周缘有齿。数粒或数十粒整齐地黏在一起，单层排列。

若虫：分5龄，初孵时淡黄色近圆形，后胸腹部逐渐显现出许多红、黄、黑相间的横纹，常头向内群集在卵块周围。后各龄均扁洋梨形，体红褐色或黑褐色（图3-20）。老熟时与成虫相似，头前端至小盾片后缘具1条黄色或橙黄色细纵线。触角4节，黑色。足黑色。腹部背面中央具暗色大斑3个，最后一斑黑色有光泽并明显凸起，每个斑上有横排淡红色臭腺孔2个。

②茶翅蝽：

成虫：体长15mm左右，宽约8mm，体扁平茶褐色。前胸背板、小盾片和前翅革质部有黑色刻点，前胸背板前缘有4个黄褐色小点横列，小盾片基部横列5个小黄点，两侧斑点明显。头、胸和腹部1、2节两侧有刺状突起（图3-20）。

卵：短圆筒形，直径1mm左右，高略超过直径，周缘环生短小刺毛，初产时乳白色、近孵化时变黑褐色。

若虫：分5龄，初孵若虫白色近圆形，后转为黑褐色，腹部淡橙黄色，腹部有8对长方形黑斑分列两侧节间。老熟时与成虫相似，仅无翅。胸部及腹部第1、第2节两侧有刺状凸起，腹部各节背面中央有黑斑，黑斑上横列两个黄褐色小点，腹部两侧各节间有一小黑斑。

（2）发生消长规律。

麻皮蝽。浙江地区常年发生2代，以成虫在枯枝落叶下、草丛中、树洞、树皮裂缝、梯田堰坝缝、墙缝、屋檐下或向阳崖缝内等处越冬。翌春当寄主萌芽，气温回升稳定在15℃以上时，出蛰活动为害。越冬成虫3月下旬开始出现，4月下旬至6月下旬交尾产卵，第一代若虫5月上旬至7月上旬孵化，6月下旬至8月中旬初羽化；第二代若虫7月下旬初至9月上旬孵化，8月底至10月中旬羽化。为害至秋末后越冬。卵历期、若虫历期、世代历期与温度、食料密切相关，在食物充足，温度25~30℃，相对湿度80%~95%条件下，卵期4~8d，平均5.8d，若虫期21~33d，平均27d，完成一世代需25~40d。成虫寿命11~29d。田间存在世代重叠。

成虫飞翔能力强，可飞行2km。喜于草莓或树体上部栖息为害，交配多在上午。具假死性，受惊扰时会喷射臭液。早晚低温时常坠地假死，正午高温时则起飞逃逸。有弱趋光性和群集性，初龄若虫常群集叶背，2、3

龄才分散活动，卵多成块产于叶背，每块约12粒。卵多在清晨孵化。蝽象卵历期与温度的关系见表3-45。

表3-45 蝽象卵历期与温度的关系

温度（℃）	茶翅蝽卵历期（d）			麻皮蝽卵历期（d）		
	最短	最长	平均	最短	最长	平均
18.15	8	8	8.0	6	12	9.16
22.63	6	7	6.3	6	10	7.91
26.12	4	4	4.0	5	8	5.80
25.77	5	5	5.0	5	6	5.60

茶翅蝽。常年发生2代，3月底开始出蛰为害；5月上旬开始交尾，一代产卵盛期在5月下旬至6月中旬，二代产卵盛期在7月中旬至8月上旬；10月中下旬为茶翅蝽潜伏越冬盛期。茶翅蝽产卵多集中在傍晚17：00—20：00，每雌虫产卵1~4块；产卵量12~82粒；每个卵块的卵粒数比较固定，70％以上的卵块有卵粒28个。茶翅蝽卵的孵化率很高，未被寄生或破坏的，孵化率高达100％。早晚气温低时受声、光干扰有假死行为；温度较高成、若虫受惊时会喷出臭液逃逸。成虫善飞，可飞行3km。茶翅蝽卵期与温度的变化曲线见图3-21。

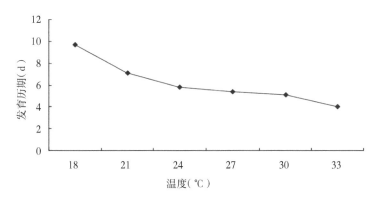

图3-21 茶翅蝽卵期与温度的变化曲线（仇兰芬，2008）

2.影响发生的主要因素

（1）寄主植物。梨、桃、李、梅、枣等果树和泡桐、榆、槐、杨、柳等树木是蝽象的重要寄主。当园地周围此类果树林木面积大，管理粗放时，经多年累积，蟓象往往有较大的虫口基数。这类区域的草莓园，蟓象发生量较大。

（2）气象条件。日平均气温20℃以上，相对湿度在70％～80％时蟓象卵孵化率可达100％。连阴雨时蟓象卵易发生霉变，孵化率常低于85％，暴风雨冲刷导致若虫自然死亡率增加。在6月的梅雨季节，蟓象成虫常感染白僵菌，寄生率可达20％～30％。气温低于20℃，或早晚气温低时，突然的声、光干扰会致其坠地假死。

（3）天敌因子。据调查，在野外或自然环境中，沟卵蜂、黑卵蜂、平腹小蜂、啮小蜂等对麻皮蟓卵的寄生率高达70％～80％；茶翅蟓沟卵蜂对茶翅蟓卵的自然寄生率平均在43.71％～50％，与平腹小蜂共同寄生率高的可达80％；黄足沟卵蜂、蟓卵跳小蜂均可寄生两种蟓

图3-22　三突花蛛

卵。捕食性天敌小花蟓吸食蟓卵；三突花蛛、蝴蟓捕食蟓象成、若虫（图3-22）。食虫虻科的虎斑食虫虻等多个种也是蟓象的天敌。

（二）调查项目与方法

1.虫情消长调查

调查时间：在草莓大田或苗圃定植后4月20日开始至草莓收获期。

调查方法：选早、中、晚茬主栽品种类型田各2块。采用棋盘式多点取样法，每5d调查1次，每田定点10个，每点定株5株，共取样50株，在傍晚或清晨调查有虫株率、卵量、若虫数。调查结果记入表3-46。

表3-46　蟓象田间虫口密度与发育进度调查表

调查单位：＿＿＿＿＿　　调查地点：＿＿＿＿＿＿＿　　年度：＿＿＿＿

调查日期		类型田	品种	生育期	调查株数	有虫株数	有虫株率（％）	卵块数	各龄若虫数					成虫	株均虫口	蟓象种类	备注
月	日								1龄	2龄	3龄	4龄	5龄				

2.卵孵化进度及寄生率调查

调查时间：蜍象产卵期。

调查方法：有条件的单位，可对观察围查到的卵粒做好标记，或在当地草莓田周边果树林木等寄主植物50株，隔日调查卵量和每日观察卵粒孵化及被寄生情况，进行卵量消长及孵化进度分析。调查结果记入表3-47。

表3-47　蜍象卵孵进度调查表

调查单位：_____　　　调查地点：_____　　　年度：_____

调查日期		地点	寄主种类	蜍象种类	总卵粒数	当日孵化数	累计孵化粒数	孵化率（%）	被寄生粒数	死卵粒数	备注
月	日										

3.大田虫情普查

调查时间：5月中旬开始至10月下旬。

调查方法：选早、中、晚茬口，在定植后的主栽品种类型田各2~3块。调查总田块数不少于10块。周边有果树林木等寄主植物也应适量取样调查。采用对角线五点取样法，每10d调查1次，每田定点10个，每点定株5株，共取样50株，在清晨或傍晚调查有虫株率及发生程度。虫情分级标准：0级，有虫株率为0；1级，有虫株率≤5%；2级，有虫株率5.1%~10%；3级，有虫株率10.1%~20%；4级，有虫株率>20%。调查结果记入表3-48。

表3-48　蜍象大田虫情普查结果汇总记载

调查单位：_____　　　调查地点：_____　　　年度：_____

调查日期		调查面积(m²)	寄主种类	生育期	调查株数	有虫株数	蜍象种类	虫株率（%）	发生为害程度级别	备注
月	日									

4.栽培管理和气象条件记载

调查记载草莓设施栽培、种植品种、肥水管理和药剂防治情况，观察自然天敌种类与数量，观察记载草莓主要生育期和气温、降水等情况，作为预测麻皮蝽和茶翅蝽发生为害的重要依据，观测结果记入表3-49。

表3-49　草莓栽培管理和气象资料记载

观测单位：_____　调查地点：_____　年份：_____

调查日期		观测地点	设施栽培	栽培品种	管理措施	药剂防治	天敌种类与数量	天气状况							备注
月	日							最高(℃)	最低(℃)	平均(℃)	降水(mm)	日照(h)	地表湿度	空气湿度	

（三）预测方法

根据蝽象各代防治后残留虫口密度、虫态发育进度、草莓定植进度、周边植被种类、生育状况、气候、天敌等因子，参考历史资料，进行综合分析，作出发生时期、发生数量和为害程度的预测。

1.大田虫情预测

在各代成虫始盛期，根据测报点蝽象虫情系统消长调查、大田普查数据，结合历史同期发生量、中长期天气预报对下阶段虫情发生的影响等综合因素分析，向主要生产区发出发生为害趋势预报。

2.防治适期

根据蝽象成虫发生始盛期、高峰期、盛末期调查结果，参考常年虫害历期、期距，预测若虫盛期，确定为防治适期。

二、绿色防控技术

（一）农业防治

选择苗圃时避开大片的梨、李、桃等果树林木，以减少虫源。秋冬傍晚在园区房前屋后、捕杀墙面的蝽象越冬成虫。早春刮树皮、堵树洞，夏季拍打、人工捕杀蟓象成虫；4月中下旬，在9：00之前气温20℃以下时摇果树林木捕杀成虫。

（二）生物防治

保护利用自然天敌，充分发挥天敌对蟓象的自然控制作用。在蟓象卵期人工释放沟卵蜂、黑卵蜂等蟓卵寄生蜂，控制该虫发生为害。

（三）药剂防治

在蟓象发生期选用生物农药防治，保护生态环境。

第十一节　大青叶蝉

大青叶蝉（*Cicadella viridis* Linnaeus），属半翅目叶蝉科，又称青叶跳蝉、大绿浮尘子。在中国各地广泛分布。大青叶蝉成虫和若虫刺吸草莓等多种植物的叶、茎汁液和产卵伤痕，造成褪色、畸形、卷缩，使其坏死或枯萎，还可传播病毒病。

一、草莓大青叶蝉的测报方法

（一）预测依据

1.大青叶蝉的发生规律

（1）形态特征与生物学特性。

成虫：雌成虫体长9.4~10.1mm，头宽2.4~2.7mm；雄虫体长7.2~8.3mm，头宽2.3~2.5mm。头部正面淡褐色，两颊微青，在颊区近唇基缝处左右各有1小黑斑；触角窝上方、两单眼之间有1对黑斑。复眼绿色。前胸背板淡黄绿色，后半部深青绿色。小盾片淡黄绿色，中间横刻痕较短，不伸达边缘。前

图3-23　大青叶蝉

翅绿色带有青蓝色泽，前缘淡白，端部透明，翅脉为青黄色，具有狭窄的淡黑色边缘。后翅烟黑色，半透明。腹部背面蓝黑色，两侧及末节淡为橙黄带有烟黑色，胸、腹部腹面及足为橙黄色，附爪及后足胫节内侧细条纹、刺列的每一刻基部为黑色（图3-23）。

卵：色白微黄，长卵圆形，长1.6mm，宽0.4mm，中间微弯曲，一端稍细，表面光滑。

若虫：分5龄。初孵化时为白色，微带黄绿。头大腹小，呈倒三角形。复眼红色。2~6h后，体色渐变淡黄、浅灰或灰黑色。3龄后出现翅芽。高龄若虫体长6~7mm，头冠部有2个黑斑，胸背及两侧有4条褐色纵纹直达腹端。

（2）发生消长规律。大青叶蝉在浙江地区1年发生4~5代，发生不整齐，世代重叠。各代成虫盛发期为5月上旬至下旬、6月中旬至7月中旬、7月下旬至8月中旬、9月上旬至10月下旬。以卵在果树林木嫩梢和枝干皮层内越冬。越冬卵一般3月下旬开始孵化，卵孵化时间多在早晨，以7：30—8：00为盛。越冬卵的孵化与温度关系密切。若虫孵出后约1h开始取食。1d以后跳跃能力渐强。初孵若虫常群聚取食，在寄主叶面或嫩茎上常常可见数十头若虫聚集为害，受惊时斜行或横行，由叶面向叶背躲避，如惊动过大，便跳跃而逃。早晨低温或潮湿时，不甚活跃；午前到黄昏时段较活跃。一代若虫孵出3d后大多由原来产卵寄主植物上，迁移到矮小的寄主如草莓、禾本科农作物或杂草上取食为害。第一代若虫期43.9d，第2、3代若虫平均为24d，见表3-50、表3-51。

大青叶蝉成虫多在晴朗的白天羽化、交尾、取食活动。刚羽化的成虫黄白色，行动迟缓，约经5h后，体色转为绿色，行动也渐活泼，遇惊则斜行或横行逃避，如惊动过大，则振翅斜飞。大青叶蝉喜聚集取食，尤其是秋季产卵及补充营养阶段。

大青叶蝉成虫多在中午或午后风和日烈时活动飞翔。喜潮湿背风处，多集中在生长茂密，嫩绿多汁的杂草或草莓等农作物上昼夜刺吸为害。成虫经过多日的营养补充后交尾，雌成虫交尾后1d即可产卵。交尾产卵均在白天进行。产卵时，雌成虫先用锯状产卵器刺破寄主植物表皮形成月牙形产卵痕并隆起，再将卵成排产于表皮下。每块卵2~14粒。每雌可产卵30~70粒。成虫有群集产卵的习性，卵块多集中，局部密度较大。春夏季卵多产于草莓、芦苇、野燕麦、玉米等寄主植物茎秆、叶柄、主脉、枝条等组织内；越冬卵产于林、果树木幼嫩光滑的枝条和主干上，主要是二至三年生枝条上。以低层侧枝上卵块密度最大，枝条上的卵块密度由基部向端部逐渐减少。夏、秋季卵期9~15d，越冬卵期则长达5个月以上。

成虫有趋光性，夏秋季天气温暖时上灯率高。成虫、若虫日夜均可活动取食。前期主要为害草莓苗等农作物及杂草，至9、10月农作物陆续收获、杂草枯萎，则集中于草莓大田、秋菜、冬麦等绿色植物上为害，10月中旬前后第四代成虫陆续转移到果树、林木上为害并产卵，10月下旬为产卵盛期，以卵越冬（图3-24）。

表3-50　大青叶蝉卵历期（非越冬卵）

日均温（℃）	平均卵历期（d）
23	12.8
24.6	11.8
25	10
26～27	9.5
27.7	9

表3-51　大青叶蝉若虫历期（d）

世代	1龄			2龄			3龄			4龄			5龄			全若虫期		
	最少	最多	平均	最少	最多	平均	最少	最多	平均	最少	最多	平均	最少	最多	平均	最少	最多	平均
一代	7	10	8.4	7	10	8.1	7	10	8.6	7	11	8.5	8	12	10.3	40	47	43.9
二代	3	4	3.5	3	5	3.9	3	5	4.1	3	6	4.3	7	10	8.1	22	26	23.9
三代	3	5	3.8	3	5	4	3	6	4.2	3	6	4.2	7	10	8.1	23	27	24.3

注：引自朱弘复等，北京

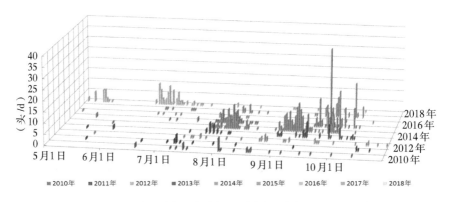

图3-24　大青叶蝉成虫种群消长动态（浙江建德，2010—2018）

2.影响发生的主要因素

（1）寄主植物。大青叶蝉寄主植物较多，主要有草莓、大豆、马铃薯、玉米、水稻、杨、柳、桃、梨、桧柏、梧桐等65科275种植物（高宇，2015）。大青叶蝉为害轻重与草莓园及其周围生态小环境关系密切。大青叶蝉越冬卵多产于林木、果树上。当园地靠近山坡，或周围林木、果树较多时，则有利于大青叶蝉发生。

（2）气象条件。大青叶蝉喜温和、日光强烈的天气条件，此时活动飞翔旺盛。当气候低温或多雨时，不利于其发生为害。

（3）防治因素。大青叶蝉成虫产卵期较长，发生不整齐，世代重叠。防治时间也会导致局部发生期的后推或前移。广谱性杀虫剂会大量杀伤天敌，从而影响发生程度。

（4）天敌因子。大青叶蝉的天敌种类较多，卵期天敌有赤眼蜂、捕食性螨类、猎蝽类；成虫期和若虫期天敌有捕食性蚁类；鸟类和蟾蜍蛙类等也扑食大青叶蝉的成虫和若虫，另外还有白僵菌、病毒、线虫等。天敌数量丰富对大青叶蝉发生有较强的抑制作用。

（二）调查项目与方法

1.成虫诱测

黑光灯诱测：每年从4月中旬开始至11月上旬，在园地内挂黑光灯诱集成虫，灯管距地面1.5m左右，每日定时开关灯，次日分别统计雌雄成虫数量。

黄板诱测：时间同灯诱，可结合蚜虫、粉虱一同调查。按早、中、晚茬主栽品种类型田各1块，在调查田均匀悬挂标准黄板2块（悬挂高度为下边高出草莓植株顶部10cm），每5d观察1次，记数单板双面诱集数量并清除虫体。黄板褪色或粘虫过多时及时更换新板。诱集观测结果记入表3-52。

表3-52 大青叶蝉成虫消长调查记载

观测单位：_____ 调查地点：_____ 年份：_____

调查日期		草莓苗圃灯诱1（头）				草莓大田灯诱2（头）				黄板诱虫（头）									备注
										田块1		田块2		田块3					
月	日	雌	雄	当天虫量	累计虫量	雌	雄	当天虫量	累计虫量	黄板a	黄板b	黄板a	黄板b	黄板a	黄板b	当天虫量	平均单板虫量	累计单板虫量	

2.卵量调查

调查时间：有条件的可在各代成虫产卵期，从5月初至9月上旬。

调查方法：在园地附近选择芦苇或草莓、野燕麦、玉米等植物50株，秋季从9月中旬开始于园地附近选树10株，每5d观察1次新产卵块数。调查结果记入表3-53。

表3-53　大青叶蝉卵量调查表

观测单位：_____　　调查地点：_____　　年份：_____

调查日期		地点	调查面积（m²）	植物种类	生育期（或树龄、树冠直径）	调查株数	有卵株数	卵块数	备注
月	日								

3.虫口密度与发育进度调查

调查时间：4月中旬开始一代若虫进入末龄，每5d网捕1次。

调查方法：采用网捕法，每次捕成、若虫共30~50头，分别统计成虫、高龄若虫和低龄若虫数量。调查结果记入表3-54。

表3-54　大青叶蝉网捕调查表

观测单位：_____　　调查地点：_____　　年份：_____

调查日期		调查地点	类型田	取样面积（m²）	成虫数量（头）	若虫数量（头）	各龄段若虫（头）				虫口密度（头／亩）	备注
月	日						低龄	%	高龄	%		

4.卵孵进度调查

调查时间：各代成虫产卵期。

调查方法：有条件的可在卵量调查的基础上，从早春3月中旬在园地附近选树10株，统计树干0~50cm处卵块总数；或从5月初至9月上旬，选用芦苇（或草莓、野燕麦、玉米等植物）10株，统计卵块总数不少于50

块。逐日定时观察孵化卵块数。调查结果记入表3-55。

表3-55 大青叶蝉卵孵进度调查表

观测单位：_____ 调查地点：_____ 年份：_____

调查日期		地点	寄主种类	总卵块数	当日孵化数	累计孵化块数	孵化率（%）	卵块数	死卵块数	备注
月	日									

5.大田虫情普查

调查时间：4月上旬草莓苗定植开始至11月下旬。

调查方法：选早、中、晚茬口，定植后的主栽品种类型田各2~3块。调查总田块数不少于10块。采用对角线五点取样法，每10d调查1次，每田定点10个，每点定株5株，共取样50株，在清晨或傍晚调查有虫株率。虫情分级标准：0级，有虫株率为0；1级，有虫株率≤25%；2级，有虫株率25.1%~50%；3级，有虫株率50.1%~75%；4级，有虫株率 >75%。将大田虫情普查面积及发生程度分级结果汇总填入表3-56。

表3-56 大青叶蝉大田虫情普查结果汇总记载

观测单位：_____ 调查地点：_____ 年份：_____

调查日期		地点	调查面积(m²)	品种	生育期	调查株数	有虫株数	虫株率（%）	发生为害程度级别	备注
月	日									

6.栽培管理和气象条件记载

调查记载草莓设施栽培、种植品种、肥水管理和药剂防治情况，观察自然天敌种类与数量，观察记载草莓主要生育期和气温、降水等情况，作为预测大青叶蝉发生为害的重要依据，观测结果记入表3-57。

表3-57 草莓栽培管理和气象资料记载

观测单位：_____ 调查地点：_____ 年份：_____

调查日期		观测地点	设施栽培	栽培品种	管理措施	药剂防治	天敌种类与数量	天气状况							备注
月	日							最高（℃）	最低（℃）	平均（℃）	降水（mm）	日照（h）	地表湿度	空气湿度	

（三）预测方法

1.发生期预测

根据大青叶蝉各世代、各虫态的发生期距和历期，已出现虫态的始、盛、末期，结合气象条件，作出目标虫态发生的始、盛、末期期距（即发生期）。

2.发生量预测

根据越冬卵量和春季孵化进度和孵化率与发生量的关系，推测一代大青叶蝉虫口密度。根据调查的田间虫口密度基数、前后代田间虫口密度增长倍数，预测下代虫口发生量。

二、绿色防控技术

1.农业防治

在成虫发生期利用黑光灯、太阳能诱虫灯诱杀。大青叶蝉在早晨不活跃，在露水未干前时，进行网捕成虫、若虫。

2.生物防治

保护天敌动物，如鸟类、两栖动物、瓢虫、蜘蛛等，增加天敌种群数量，遏制虫害发生。采用人工引移、繁殖释放天敌的方法调节目的有害生物与天敌之间的相互作用关系，以控制叶蝉种群与规模数量。如在卵盛期释放赤眼蜂，应用白僵菌、绿僵菌制剂等防治害虫。

3.药剂防治

在3月中下旬越冬卵孵化，幼龄若虫从树木转移到草莓等矮小植物上，虫口比较集中时，用5％甲氨基阿维菌素苯甲酸盐水分散粒剂3~4g/亩；或1.3％苦参碱水剂40~60mL/亩，或10％吡虫啉可湿性粉剂25~50g/亩，对水50~75kg，对园地内和附近树木及其下地面草莓等矮小植物喷雾防治。

第十二节　小地老虎

小地老虎（*Agrotis ypsilon* Rottemberg），属鳞翅目夜蛾科，别称地蚕、切根虫、夜盗虫等。长江中下游和东南沿海及北方的低洼内涝或灌区发生较重；其食性杂，可取食草莓、玉米、林木幼苗等植物，轻则造成缺苗断垄，重则毁种重播。

一、草莓小地老虎的测报方法

（一）预测依据

1.形态特征

成虫：体长16~24mm，翅展42~53mm。头、胸部褐色至黑灰色，腹部灰褐色。触角雌虫丝形，雄虫双栉形，端部1/5线形。前翅棕褐色，前缘区色较深，翅脉纹黑色，基线双线黑色，波浪形，线间色浅褐，自前缘达1脉，内线双线黑色，波浪形，在1脉后外突，剑状纹小，暗褐色，黑边；环状纹小，扁圆形，或外端呈尖齿形，暗灰色，黑边；肾状纹暗灰色，黑边，中有一黑曲纹，外侧有一明显的楔形黑斑尖端向外。中线黑褐色，波浪形，外线为双线黑色，锯齿形，齿尖在各翅脉上断为黑点，亚端线灰白，锯齿形，在2~4脉间呈深波浪形，内侧在4~6脉间有二楔形黑纹，内伸至外线，外侧有二黑点，外区前缘脉上有3个黄白点，端线为一列黑点，缘毛褐黄色，有一列暗点。后翅半透明灰白色，前缘、顶角、端线及翅脉褐色。

幼虫：多为6龄，少数为7~8龄。老熟幼虫体长37~50mm，头宽3~3.5mm，头部暗褐色，唇基等边三角形，侧面有黑褐斑纹，体黑褐色稍带黄色（图3-25），密布黑色小颗粒，各腹节背板上毛片2对，后方1对毛片较前方的2对要大1倍以上。腹部末端肛上板有一对明显黑纹，背线、亚背线及气门线均黑褐色，不很明显，气门长卵形，黑色。

卵：馒头形，直径0.5~0.6mm，高约0.3mm，初产时淡黄色，孵化前呈灰褐色。纵横棱线显著。

蛹：体长18~25mm，红褐至暗褐色，第1~3腹节无明显横沟，第4腹节背侧面有3~4排刻点，第5~7腹节刻点背面较侧面大，尾端黑色，有一对较短的黑褐色臀刺。

图3-25 小地老虎幼虫

2.发生消长规律

小地老虎在浙江地区1年发生4~5代（图3-26、图3-27），以幼虫、蛹或成虫越冬。其中以第一、四代的盛发生期长，为害重。3月中旬至4月下旬为第一代成虫盛发期，草莓苗圃在4月中旬至5月上旬是幼虫为害盛期；第4代成虫盛发期在9月中旬，10月的草莓大田遭遇第四代幼虫为害盛期；少数年份在10月中下旬会出现第五代蛾峰。小地老虎在杭州市各代的发生期见表3-58。

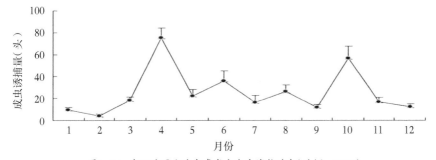

图3-26 浙江地区小地老虎成虫发生消长动态（沈颖，2017）

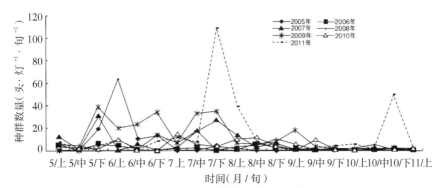

图3-27 杭州2005—2011年小地老虎成虫种群消长曲线（王道泽）

表3-58　杭州小地老虎各代成虫发生期

代次	第一代	第二代	第三代	第四代	第五代
发生期	3月中旬至 4月下旬	5月下旬至 6月中旬	7月下旬至 8月上旬	9月中旬	10月中下旬

小地老虎成虫白天潜伏于杂草间、土缝中、屋檐下等隐蔽处，夜出活动，以19：00—22：00为活动高峰，春季当傍晚气温达到8℃时开始活动，随着气温升高，活动成虫的数量越大、范围亦越广，但大风天夜晚不活动。小地老虎成虫有很强的趋光性，对黑光灯或频振杀虫灯趋性强，但对普通灯趋光性不强。成虫具有强烈的趋化性，喜吸食糖、蜜、醋、酒等酸甜芳香气味的汁液，以补充营养。成虫羽化3、4天后交尾，交尾后第二天开始产卵。卵产在土块、杂草或作物幼苗的叶背，一般以土壤有机质含量高并且湿润的田里较多，卵散产或多粒产在一起，每一雌蛾一般能产卵800~1 000粒，多的2 000粒以上。产卵历期2~10d，多为5~6d。雌成虫寿命20~25d，雄成虫寿命10~15d。

小地老虎卵在平均温度19~29℃时，卵历期为3~5d。卵的发育起点温度约为8℃，有效积温约为70℃·d。小地老虎卵在不同温度下的历期见表3-59。

表3-59　小地老虎卵在不同温度下的历期

田间卵期（南京）			室内卵期（山东济宁）	
产卵日期（月／日）	卵发育期间平均气温（℃）	卵期（d）	日平均气温（℃）	卵期（d）
3/5—3/26	11.5	23	12~14	16.5
3/21—4/3	11.7	13	15~15.9	11.8
4/5—4/15	14.7	11	16~16.9	10.8
4/15—4/22	16.7	9	17~17.9	9.6
4/19—4/27	16.9	8		
4/22—4/30	17.1	8		
4/30—5/7	17.0	7		

小地老虎幼虫1~3龄昼夜均在地上活动，取食心叶成孔洞或缺刻。幼虫3龄前扩散为害，当食料缺乏或环境不适时，常在夜间迁移。3龄后的幼虫有假死性、受惊即卷缩成团。4龄开始，白天躲藏在表土下，夜间外出取食，以21：00及清晨5：00活动最盛，白天阴雨时，也会出土为害。取食时把幼苗基部齐土面部位切断倒伏在地，或将断苗拖至土穴中，幼虫多

躲藏在断苗附近的表土下。每头高龄幼虫一夜可咬断3~5株幼苗，造成大量缺苗断垄。

小地老虎幼虫老熟后，多迁移到田边、田埂、杂草根旁等地势略高较干燥的地方，在深60~100mm处筑土室化蛹。前蛹期2~3d，第1代蛹历期18~19d。

3. 影响发生的主要因素

（1）迁飞和越冬与虫源基数。小地老虎成虫具有远距离迁飞习性。在我国1月0℃等温线以北不能越冬，其越冬北界约在北纬33°，在这以南各省区的大部分地区，一般以幼虫、蛹或成虫越冬；8℃等温线以南的地区，冬季能继续发生、繁殖与为害，为北方非越冬区的虫源基地。浙江是小地老虎的安全越冬区，一般以春、秋季发生为害重，冬春的虫源基数影响草莓苗圃的发生为害。

（2）生态环境与寄主植物。小地老虎寄主植物广泛，为害的作物主要有草莓、各类豆科、茄科、十字花科、葫芦科、禾本科、百合科等，以及果园、花卉、林木苗圃等。随着农业种植结构的调整，各种蔬菜、瓜果、水果、花木等经济作物栽培面积不断增加，旱作面积不断扩大，周边环境植物种类丰富，使得各时期的小地老虎幼虫均有营养丰富的食物来源，为小地老虎的繁殖为害营造了有利的环境条件。

（3）防治与天敌因素。小地老虎主要发生在草莓育苗期匍匐茎抽生初期，药剂防治是主要措施。但长期单一使用农药，小地老虎的抗药性发展迅速。目前已对菊酯类和有机磷等多种杀虫剂产生了较高水平的抗性，有些种类的杀虫剂甚至完全失效。由于化学防治手段的单一，造成害虫种群基数较高，加重了下一代的发生为害。小地老虎天敌有知更鸟、鸦雀、蟾蜍、鼬鼠、步甲、寄蝇、寄生蜂及细菌、真菌等，对小地老虎的发生起到一定的制约作用。使用菊酯类和有机磷等广谱杀虫剂会大量杀伤天敌，造成小地老虎再猖獗。

（4）土壤与气象条件。小地老虎适宜温暖湿润的环境，特别是河、湖沿岸，地势较低，管理粗放，杂草多的区域，虫口密度高。土质团粒结构好，疏松，保水性强的土壤更适宜发生。在一年的发生为害中，气候条件是影响发生的最主要因素。3、4月气温偏高且平稳回升的年份有利于小地老虎产卵和孵化，气温低或急骤升降则不利于其生长繁殖。气温为15~26℃，相对湿度为85%，土壤含水量为18%的条件最适宜小地老虎的成虫产卵和幼虫生活。当气温超过27℃时，发生量下降；在30℃并且湿度达100％时，1~3龄幼虫成活率低；当上年8—10月降水量在250mm以上、翌年3—4月降水量在150mm以下时，小地老虎重发的频率加大；反之则不利于其发生。

（二）调查项目与方法

1.成虫消长调查

调查时间：10月底至翌年2月上旬。

调查方法：选择远离村庄和灯光干扰的草莓生产或育苗基地。如果周围有较大面积十字花科、茄科、玉米、马铃薯等作物，也可在其中适当设置性诱剂诱捕器和糖醋诱蛾盆。

灯诱：每天晚上从天黑到天亮点频振杀虫灯或20W黑光灯1盏（可结合蝼蛄、金龟子等一同调查），要根据诱蛾灯灯管的技术要求及时更新灯管，每天分别记载蛾量。

性诱：在田边无遮风处设置性诱剂诱捕器3只，各诱捕器间距100m以上，每只诱捕器内放1个小地老虎测报专用性诱剂诱芯，诱芯每30d更换1次，每天分别记载蛾量。

糖醋诱蛾：用糖、醋、酒、水比例为3：4：1：10配方的糖醋液诱蛾，共设置诱蛾盆3只（盆在离上口约20cm处设置防雨罩），盆高出草莓植株30cm，各诱蛾盆之间距离200m以上，每5d加拌料，10d全部调换糖醋液。每天分别记载蛾量。

上述3种方法诱测结果记入表3-60。

表3-60 草莓小地老虎成虫消长调查记载

观测单位：＿＿＿＿＿＿＿＿＿ 调查地点：＿＿＿＿＿＿＿＿＿ 年份：＿＿＿

调查日期		主栽草莓品种	性诱成虫（头）					灯诱成虫（头）						糖醋诱蛾（头）						备注
月	日		性诱1	性诱2	性诱3	当天诱蛾量	累计诱蛾量	灯诱1		灯诱2		当天诱蛾量	累计诱蛾量	诱蛾盆1		诱蛾盆2		当天诱蛾量	累计诱蛾量	
								雌	雄	雌	雄			雌	雄	雌	雄			

2. 诱卵调查

调查时间：10月底至翌年3月底。

调查方法：选择有代表性的草莓苗圃或大田（如果周围有较大面积十字花科、茄科、玉米、马铃薯等作物，也可在其中按适当比例设置），草莓主栽品种类型田各1块，每块类型田的面积不小于0.2hm²。在每块类型田内放置诱卵棕叶片60片，将棕叶纵向撕开呈细丝状，并用短竿扦插在地上，各棕叶片间隔5m以上，每2d分别统计记载每个类型田棕片上的卵量。调查结果记入表3-61。

表3-61 草莓小地老虎棕片诱卵消长表

观测单位：_____ 调查地点：_____ 年份：_____

调查日期		类型田1（草莓）			类型田2（草莓）			类型田3（作物）			各类型合计			当日平均单片卵粒数	当月平均草莓单片卵粒数	备注
月	日	棕片数	有卵片数	卵粒数	棕片数	有卵片数	卵粒数	棕片数	有卵片数	卵粒数	棕片数	有卵片数	卵粒数			

3. 卵孵化进度调查

调查时间：11月上旬至翌年3月初。

调查方法：将棕片诱到的卵粒，装入指形管，管口塞脱脂棉，标记好采集日期，按日束在一起，置于田内植株遮阳处。每天观察卵粒孵化进度。调查结果记入表3-62。

表3-62 小地老虎卵孵进度调查表

观测单位：_____ 调查地点：_____ 年份：_____

调查日期		当天观察卵粒数	累计观察卵粒数	当天孵化卵粒数	累计孵化卵粒数	孵化率（%）	当天孵化的卵粒历期		备注
月	日						产卵日期	卵历期	

4.幼虫密度和发育进度调查

调查时间：11月上旬至翌年3月中旬。

调查方法：选向阳坡面的草莓苗或大田，田间有杂草小蓟或附近有十字花科、茄科、马铃薯、玉米等寄主作物小苗的，也可按适当比例定为类型田。田间随机取样，每2d调查1次，在清晨每块田调查草莓（小蓟或菜苗等）200株（清点株数不便的菜苗可调查$1m^2$面积），早期虫口密度较低时应适当增加调查数量，观察幼虫数量及发育进度。调查结果记入表3-63。

表3-63　小地老虎幼虫发生密度与发育进度调查表

观测单位：_____　　调查地点：_____　　年份：_____

调查日期		作物名称	类型田	调查株数	有虫株数	有虫株率	幼虫发育进度													备注
月	日						总虫数	1龄		2龄		3龄		4龄		5龄		6龄		
								虫数	%	虫数	%	虫数	%	虫数	%	虫数	%	虫数	%	

5.大田虫情普查

调查时间：11月下旬至翌年3月下旬。

调查方法：在草莓主要生产或育苗基地，选早、中、晚茬主栽品种的类型田3~4块。5点随机取样，每5d调查1次，每点定株25株，共125株，调查断苗率，并估算各级断苗率面积，参考分级指标：0级断苗率=0；1级断苗率≤1%；2级断苗率1.1%~5%；3级断苗率5.1%~10%；4级断苗率≥10%。调查结果记入表3-64。

表3-64　小地老虎大田虫情普查结果汇总记载

观测单位：_____　　调查地点：_____　　年份：_____

调查日期	作物名称	调查面积（m^2）	主栽品种	生育期	调查株数	断苗株数	断苗率（%）	发生为害程度（级）	备注

6.栽培管理和气象条件记载

调查记载草莓设施栽培、种植品种、肥水管理、药剂防治和自然天敌影响情况，观测记载小地老虎发生期的天气情况、大棚温湿度、土壤含水量，作为预测小地老虎发生的重要依据。观测结果记入表3-65。

表3-65　草莓栽培管理和气象资料记载

观测单位：＿＿＿＿＿＿＿＿＿＿　　调查地点：＿＿＿＿＿＿＿＿＿＿　　年份：＿＿＿＿＿＿

调查日期		观测地点	设施栽培	栽培品种	管理措施	药剂防治	天敌种类与数量	天气状况							备注
月	日							最高（℃）	最低（℃）	平均（℃）	降水（mm）	日照（h）	地表湿度	土壤含水量	

（三）预测方法

1.发生趋势预测

根据小地老虎虫情系统调查，在田间幼虫发生初期，结合当前大田虫口发生基数、草莓生育期、中长期天气预报等综合因素分析发生动态，并发出虫情趋势预报预警。

2.防治适期及防治对象田预报

防治适期：小地老虎幼虫3龄盛发前为防治适期，即小地老虎幼虫发蛾盛期，加卵历期，加1龄历期，加2龄历期。

防治对象田：对受害率1%以上的苗圃和大田，可确定为防治对象田。较轻田块可采用人工、农业等方法防治。

二、绿色防控技术

（一）农业防治

1.合理作物布局

草莓生产区域内和草莓苗圃周围避免种植十字花科、茄科、玉米、马铃薯等小地老虎喜食作物。

2.灌水和轮作

草莓与水稻轮作，或草莓苗圃起苗后及时灌水，可以降低小地老虎种群数量，减轻其为害。

3.高温灭茬

夏季闷棚进行高温消毒，并清除田边杂草，可消灭田间虫源。

（二）理化诱杀

1.诱杀成虫

用糖醋液或甘薯、胡萝卜等发酵液诱杀成虫。或在成虫盛发期田间设置频振杀虫灯诱杀成虫。也可以用小地老虎性诱剂诱杀雄成虫，减少雌成虫的交配产卵机会。

2.诱捕幼虫

用莴苣叶或泡桐叶置于田间诱捕幼虫，每日清晨从叶下捕捉；对高龄幼虫可在清晨检查，如果有断苗，拨开附近表土进行捕杀。

（三）生物防治

用白僵菌或绿僵菌毒土或灌根施药防治小地老虎；或用苜核·苏云菌悬浮剂稀释液灌根。防治方法参考药剂使用说明书。

（四）化学防治

在小地老虎幼虫3龄盛发前，选用对口药剂，用喷雾或毒土或毒饵诱杀等方法防治。

第十三节　草莓铜绿丽金龟

为害草莓的金龟子有多种，其中优势种铜绿丽金龟（*Anomala corpulenta* Motschulsky），属鞘翅目丽金龟科，全国各地均有发生。寄主广泛，除为害草莓外，还有多种果树林木、花卉、粮食作物、蔬菜、油料、牧草等。成虫取食叶片、幼芽、花器等，造成植物叶片残缺，幼芽受损，花器残缺甚至不能结实。幼虫又称蛴螬，取食播下不久的种子、根、块茎等植物地下组织和幼苗，造成缺苗断垄。

一、草莓铜绿丽金龟的测报办法

（一）预测依据

1. 草莓铜绿丽金龟的发生规律

（1）形态特征。

成虫：体长19~22mm，长卵圆形，触角黄褐色，鳃叶状9节。成虫体背铜绿色具金属光泽。头、前胸背板、小盾片色较深，鞘翅色较浅，唇基前缘、前胸背板两侧呈浅褐色条斑。前胸背板及鞘翅上有细密刻点。小盾片近半圆形。鞘翅每侧具4条纵脉，肩部具疣突。前足胫节外缘具2钝齿，前、中足大爪分叉。

卵：初产椭圆形，乳白色，光滑，长1.8mm。孵化前呈圆形。

幼虫：分3龄，老熟体长30~39mm，头宽约5mm，头部黄褐色近圆形，前顶刚毛每侧各8根，成一纵列；后顶刚毛每侧4根斜列。肛腹片后部腹毛区正中有2列长的刺毛，黄褐色，每列13~19根，刺毛列的刺尖常相遇和交叉。在刺毛列外侧有深黄色钩状刚毛。

蛹：长椭圆形，裸蛹，土黄色，体长约23mm，宽约10mm。体稍向腹面弯曲，雄蛹臀节腹面有4裂的疣状凸起。

（2）发生消长规律。在浙江一年发生1代，大多以3龄幼虫在土中越冬，翌年3—4月，春季10cm土温升到8℃以上时，幼虫上移至表土层为害，取食作物和杂草根部，形成春季为害期。4—5月老熟幼虫陆续在地表下5~10cm土层内做蛹室化蛹。预蛹期13d，蛹期9d。一般5月上中旬初见成虫，早的可在4月，迟的则在5月下旬。一般在5月下旬至7月底为成虫发生盛期，但不同年份差异较大。不同年份从8月中旬至9月中下旬，虫量渐退绝迹（图3-28）。成虫羽化后3d出土，新出土成虫，昼伏夜出，飞翔力强，成虫有群集取食和交尾习性。黄昏上树取食交尾，不久即交尾产卵，卵多散产在草莓等作物根系附近或林木果树下5~6cm深的土壤中。雌虫产卵后即死亡。成虫寿命25~30d。产卵期多在5—7月，每雌虫可产卵40粒左右，卵期约10d，卵孵盛期在6月至8月初。7—8月以1、2龄幼虫为主，9—10月以2、3龄幼虫为主。10月中下旬至11月，随着气温（地温）下降，逐步下移至土表以下30~40cm处越冬。幼虫共3龄，1龄历期约25d，2龄约23.1d，3龄约280d。不同温度下铜绿丽金龟各虫态的发育历期见表3-66。幼虫阶段均栖居土中，以3龄幼虫食量最大为害最重，有春秋两个为害高峰。成虫昼伏夜出，趋光性强，对黑光灯有较强趋光性，有假死性（表3-66）。

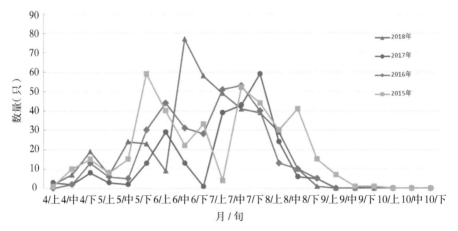

图3-28　白炽灯下金龟子复合种群消长动态（浙江建德，2015—2018）

2.影响发生的主要因素

（1）气象条件。成虫羽化出土迟早与5、6月间温湿度的变化有密切关系。此间雨量充沛，发生则早，盛发期提前。在气温25℃以上、相对湿度为70%~80%时最适宜成虫活动。在闷热无雨、无风的夜间成虫活动最盛，为害也较严重。反之低温和雨天活动较少。

蛴螬活动最适的土温平均为13~18℃，高于23℃或低于10℃则逐渐向土深处转移。

表3-66 不同温度下铜绿丽金龟各虫态的发育历期（d）

虫龄	温度（℃）				
	19	22	25	28	31
卵期	15.3	13.6	10.5	8.3	6.5
幼虫期	260.6	247.8	212.8	172.4	155.6
1龄	33.7	31.5	25.3	20.6	16.3
2龄	35.6	33.7	27.3	21.1	17.5
3龄	191.3	182.6	160.2	130.7	115.3
蛹期	18.7	15.3	11.6	9.5	8.2
成虫期	45.2	42.3	37.5	28.3	23.5
世代	339.8	319.0	272.4	218.5	187.3

注：引自苏宝玲，2011

（2）食料因素。营养条件对铜绿丽金龟成虫的生殖力和幼虫的生长发育有很大影响，充足的食料是保证其种群生长繁殖的基本条件。铜绿丽金龟成虫喜食草莓、梨、海棠等蔷薇科植物，以及花生、榆树和大豆等的叶片、花器等幼嫩组织。据研究，人工喂饲不同植物嫩叶，铜绿丽金龟成虫单雌产卵量、卵孵化率存在差异。喂食海棠和小叶黄杨的铜绿丽金龟成虫单雌产卵量最高，且卵的孵化率也最高。随着城市绿化建设的扩大，耕地周边绿化树种不断增多，城市、农村园林花卉、树木、草皮不断丰富，果园面积增长，不仅为蛴螬提供了稳定的生存场所，也为成虫提供了充足的食物，有利于其大量繁殖。成虫对未腐熟厩肥有强烈趋性，喜在未腐熟有机肥丰富处产卵，施用未腐熟厩肥或有机肥多的地块幼虫为害较重。

（3）土壤环境。土壤湿度也是制约成虫成活、生殖的关键因素。据试验，土壤湿度在15%~20%时适合铜绿丽金龟产卵，湿度在18%~20%时适合卵的孵化以及幼虫成活，18%为铜绿丽金龟产卵、孵化和幼虫成活的最适湿度，湿度过高或过低都对铜绿丽金龟的生殖力产生不利影响。蛴螬发生还与土壤理化性质有着密切的关系。土层深厚，土质疏松，保水性适中，湿润透气，有机质含量丰富的肥沃中性壤土，作物生长好，食料充足，适合蛴螬活动和生长发育，发生较普遍。有机质含量低的沙壤土次之、土壤黏重的黏土和保水性差的沙土，蛴螬为害则轻。

（4）天敌因子。蛴螬的捕食性天敌有黄鼠狼、蛇、鸟类、青蛙、蟾蜍、食虫虻、虎甲、螳螂等。寄生性天敌有黑土蜂、盗蝇、寄生蝇、寄生螨虫和线虫类等；此外，球孢白僵菌（*Beauveria bassiana*）、金龟子绿僵菌（*Metarhizium anisopliae*）、黏质沙雷氏菌（*Serratia marcescens*）等土壤中的病原微生物的侵染也可导致其死亡。

（5）环境条件。种植方式的改变也影响着蛴螬的发生。深耕土壤可以杀死一部分蛴螬，并可将休眠的虫体翻至土表，破坏其越冬、栖息、繁殖的场所，使其暴露给地表天敌，暴晒或受冻致死。而免耕栽培、套种、连续旱作田虫口密度大，为害严重；深翻土、精耕细作、水旱轮作地块发生为害较轻。

（二）调查项目与方法

1. 成虫诱集观测

调查时间：3—9月，每天观察1次。可结合草莓其他害虫观测进行。

调查方法：选择红颊、章姬、丰香等当地主栽的草莓品种，观测围面积3 000 m² 以上，设置虫情测报灯1台。或频振诱虫灯2盏，观察金龟子成虫数量，调查结果记入表3-67。

表3-67 频振式测报灯金龟子诱捕记载

调查单位：_____　　　调查地点：_____　　　年度：_____

调查日期		铜绿丽金龟（头）					其他金龟子（头）				天气情况	备注
		灯1		灯2		单灯平均虫量	单灯累计虫量	灯1		灯2		单灯平均虫量（种类）		
月	日	雌	雄	雌	雄			种类	种类	种类	种类			

2. 挖土调查法

调查时间：3月初苗圃定植前，9月初大田起垄前。

调查方法：在苗圃起苗和大田起垄时，结合田块整地，根据土质、茬口、耕作方式、周边环境等因素综合考虑，选择有代表性的蛴螬多发田

5~10块挖土调查。调查采用随机取样，抽取5~10个点，每个样点1m²、深40cm。将挖出土壤打细过筛，挑拣出土中的蛴螬，调查结果记入表3-68。

表3-68　蛴螬挖土调查记载

调查单位：_____　　　调查地点：_____　　　年度：_____

调查日期		调查地点	类型田	取样面积（m²）	铜绿丽金龟（头）							其他金龟子（头）							备注
					蛹数量	若虫数量	各龄幼虫					蛹数量	若虫数量	各龄幼虫					
月	日						1龄	%	2龄	%	3龄	%			1龄	%	2龄	%	3龄	%	

3.栽培管理和气象条件记载

调查记载草莓设施栽培、种植品种、肥水管理、药剂防治和自然天敌影响情况，观测记载小地老虎发生期的天气情况、大棚温湿度、土壤含水量，作为预测铜绿丽金龟发生的重要依据。观测结果记入表3-69。

表3-69　草莓栽培管理和气象资料记载

观测单位：_____　　　调查地点：_____　　　年份：_____

调查日期		观测地点	设施栽培	栽培品种	管理措施	药剂防治	天敌种类与数量	天气状况							备注
月	日							最高（℃）	最低（℃）	平均（℃）	降水（mm）	日照（h）	地表湿度	土壤含水量	

（三）预测方法

1. 发生期预测

根据铜绿丽金龟灯下成虫初见期、消长情况，结合历史资料和气象要素，预测当年金龟子和蛴螬的发生为害时间。

2. 发生量预测

根据成虫灯下诱虫数量及挖土调查的幼虫密度，结合历史资料和气象等要素分析，预测金龟子和蛴螬的发生量。

二、绿色防控技术

（一）防治策略

草莓铜绿丽金龟防治，应坚持预防为主、综合防治植保方针，加强虫情监测调查和预测预报，以农业防治、生物防治和物理防治为基础，做好"查定"药剂防治，综合控制害虫发生为害。

（二）综合防治技术

1. 农业防治

精耕细作，深耕细耙。夏闲草莓田深耕深耙，并灌水覆膜，利用高温除虫杀菌；苗圃抓住幼虫（蛴螬）在近地表土层中活动时适期进行春、秋深耕，同时拣除幼虫。实行水旱轮作，对土壤进行水淹，消灭其中幼龄幼虫，捕捉浮出水面成虫。施用的秸秆肥或农家肥应充分腐熟。

2. 灯光诱杀

在成虫盛发期，悬挂频振式杀虫灯等诱杀成虫。

3. 生物防治

保护利用天敌，利用青蛙、虎甲等捕食天敌，黑土蜂、寄生蝇等寄生性天敌、金龟子、绿僵菌、球孢白僵菌等自然天敌控制金龟子发生为害。

4. 药剂防治

5—6月为金龟子成虫为害盛期，根据苗圃测报灯下诱虫量和田间发生为害情况调查，确定防治对象田，对应防治的草莓园，可选用70%吡虫啉水分散粒剂15 000倍液喷雾防治，宜在晴天傍晚进行。或选用生物农药，与细土、沙等混匀，也可与有机肥、苗床肥混匀撒施、沟施或穴施于草莓根部四周土壤。幼虫期可结合防治小地老虎、蝼蛄以及其他地下害虫进行。草莓定植前，每亩用4%联苯·吡虫啉颗粒剂750~1 000g，加适量细土或基肥拌匀撒施，后整地起垄。

第十四节 蝼 蛄

为害草莓的蝼蛄主要有东方蝼蛄（*Gryllotalpa orientalis* Burmeister），华北蝼蛄（*Gryllotalpa unispina* Saussure），属直翅目蝼蛄科，又称土狗、地拉蛄。蝼蛄是一类多食性害虫。成虫、若虫均在土中活动，取食播下的种子、幼芽和嫩根等，造成草莓等作物生长受阻甚至凋萎死亡，受害的部位呈乱麻状。蝼蛄活动时将表土层窜成许多隧道，使幼根脱离土壤，造成草莓匍匐茎扎根困难。

一、草莓蝼蛄的测报方法

（一）预测依据

1.蝼蛄的发生规律

（1）形态特征与生物学特性。

成虫：东方蝼蛄雌成虫体长约35mm，雄成虫体长约30mm，前胸宽6~8mm，体灰褐色，密生细毛。腹部近纺锤形，前足腿节内侧外缘较直，外侧缺刻不明显，前胸背板卵圆形，中央的长心形斑凹陷明显，暗红色，长4~5mm。前翅灰褐色，长约12mm，覆盖腹部的一半，后足胫节背面内侧有距3~4个。

华北蝼蛄体形较大，雌成虫体长45~63mm，雄成虫体长36~43mm，呈黄褐色，腹部近圆形，前足腿节内侧弯曲，外侧缺刻明显，前胸背板长心形凹陷不明显，前翅黄褐色，长约15mm，覆盖腹部不到一半，后足胫节背面内侧有距1个或无。

卵：东方蝼蛄卵椭圆形，初产时长2~2.4mm，孵化前长达4mm，初产时色灰白，有光泽，后渐变为灰黄褐色，孵化前呈暗紫色。华北蝼蛄初产时长约1.7mm，孵化前卵长2.4~2.9mm，椭圆形，初产时乳白色有光泽，后转黄褐色，孵化前暗灰色。

　　若虫：东方蝼蛄若虫共8~9龄，初孵若虫体长约4mm，乳白色，复眼淡红色。后头、胸部及足转为暗褐色，腹部淡黄色。2、3龄以后体色和成虫近似。末龄若虫体长24~28mm，体形与成虫相近（图3-29）。胫节距3~4个。华北蝼蛄若虫共13龄，初孵若虫乳白色，2龄后变为浅黄褐色，5、6龄以后若虫体色、体形与成虫相似，末龄若虫体长34~40mm。胫节距0~2个。

图3-29　东方蝼蛄高龄若虫

　　（2）发生消长规律。华北蝼蛄生活史长，约3年一代；东方蝼蛄1年一代，均以成虫若虫在土下30~70cm越冬。蝼蛄活动的最适环境为土温12.5~19.8℃、土壤含水量20%以上。当气温20~25℃时取食最旺盛。杭州地区蝼蛄成虫有2个明显的发生高峰期，分别为5月下旬至7月上旬和9月上旬至10月中下旬（王道泽等，2012）（图3-30）。春季，当土温8℃以上时开始活动，4月上中旬进入表土层，窜成许多虚土隧道或小土堆，在隧道中取食为害；5—6月蝼蛄出窝迁移猖獗为害草莓苗圃、露地蔬菜或水稻秧苗。5—7月成虫交尾，6月下旬至8月上旬蝼蛄越夏产卵。卵产于地下50~200mm的卵室内。成虫产卵期长达30~120d，每雌一生可产卵100~300粒，最多达500余粒。卵期15~25d。若虫孵化3d即开始分散为害。9月上旬后大批若虫和新羽化的成虫从地下转移到地表活动，在草莓定植后形成秋季为害高峰；10月中旬后随着气温下降、天气转冷，蝼蛄陆续入土越冬。大棚草莓上可为害到11月中旬。东方蝼蛄种群发生动态见图

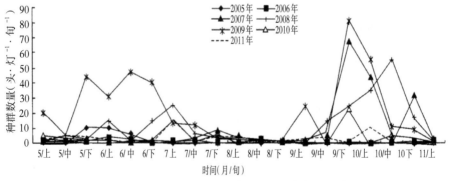

图3-30　杭州地区蝼蛄田间种群动态（王道泽等，2012）

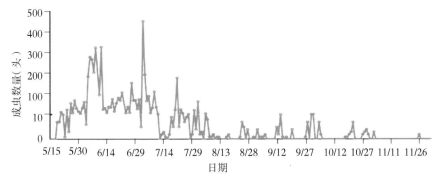

图3-31　东方蝼蛄种群发生动态(付道猛等，2015)

3-31。

　　两种蝼蛄均有趋光性，并对半煮熟的谷子、炒香的麦麸、豆饼、牛马厩肥及香甜物质有强趋性。东方蝼蛄飞翔能力强，上灯比例高；而华北蝼蛄飞翔能力较弱，较少上灯。蝼蛄成虫与若虫均昼伏夜出，常在表土层和地面上活动，以21：00至翌日3：00活动最盛。

　　2.影响发生的主要因素

　　（1）虫口基数。蝼蛄生活史比较长，年繁殖代次少。春夏季的为害主要来自上年度虫口的积累。因此越冬虫口数量是当年为害程度的重要指标。

　　（2）生态环境。蝼蛄喜在潮湿地方产卵，多集中在沿河、池塘、沟渠附近的地块；华北蝼蛄则喜在盐碱地内，靠近地埂、畦堰或松软土壤里产卵。特别是沙壤土和疏松壤土，由于质地松软，在多腐殖质的地区，最适合蝼蛄的生活繁殖，一般灌水后的湿润田块最多；而黏重土壤不适合蝼蛄的栖息和活动，发生量少。抛荒的水田，食料丰富，其周围的农作物常受害较重。草莓苗圃常设在水稻区，灌溉便利，土壤含水量适中，严重时蝼蛄可以把成片的草莓苗和附近杂草吃光。

　　（3）气象条件。盛夏不热、晚秋不凉、降水较均匀的气候，有利于保持适宜的土壤湿度，从而延长蝼蛄的活动时间，增加蝼蛄的取食及繁殖量；反之，雨量集中、夏季干热天气等不利于蝼蛄的发生。

　　（4）天敌因子。喜鹊、伯劳等捕食性鸟类，步甲、螳螂等捕食性昆虫，线虫、白僵菌、绿僵菌等昆虫寄生生物对蝼蛄有一定的控制作用。

　　（二）调查项目与方法

　　1.灯下成虫监测

　　调查时间：4月初开灯至11月上旬结束。

调查方法：选择两个草莓育苗区，各设一盏频振式测报灯进行逐日诱集调查。分类统计记录每天诱捕的蝼蛄成虫数量，进行系统监测。可结合地老虎、金龟子、斜纹夜蛾等害虫一同监测调查。调查结果记入表3-70。

表3-70　频振式测报灯蝼蛄诱捕记载

调查单位：＿＿＿＿＿＿　　调查地点：＿＿＿＿＿＿　　　年份：＿＿＿＿＿

日期		东方蝼蛄					华北蝼蛄					天气情况	备注
月	日	灯1（头）		灯2（头）		单灯平均蛾量（头）	单灯累计蛾量（头）	灯1（头）		灯2（头）		单灯平均蛾量（头）	单灯累计蛾量（头）		
		雌	雄	雌	雄			雌	雄	雌	雄				

2. 挖土调查

调查时间：11月初，在蝼蛄即将进入越冬休眠前。

调查方法：选择有代表性地挖土调查，样点根据具体情况设置，每个样点1m²、深60~100cm，根据样点虫量推算虫口密度。调查结果记入表3-71。

表3-71　蝼蛄冬前挖土调查表

调查单位：＿＿＿＿＿＿　　调查地点：＿＿＿＿＿＿　　　年份：＿＿＿＿＿

日期		调查地点	类型田	取样面积（m²）	东方蝼蛄							华北蝼蛄							备注
月	日				成虫数量（头）	若虫数量（头）	各龄段若虫（头）						成虫数量（头）	若虫数量（头）	各龄段若虫（头）					
							低龄	%	中龄	%	高龄	%			低龄	%	中龄	%	高龄	%	

3. 表土隧道调查

调查时间：4月1日开始至5月初，每5d调查1次。

调查地点：选择有代表性地块，5点取样，每点约10m²，调查在表土层拱起的隧道或地面小土堆，拨开隧道或小土堆找到蝼蛄，按种类分别统计高、中、低龄期若虫或成虫。调查结果记入表3-72。

表3-72 蝼蛄出土进度调查表

调查单位：＿＿＿＿＿＿＿＿＿＿ 调查地点：＿＿＿＿＿＿＿＿＿＿ 年份：＿＿＿＿＿＿

日期		调查地点	类型田	取样面积（m²）	东方蝼蛄								华北蝼蛄								备注
月	日				成虫数量（头）	若虫数量（头）	各龄段若虫（头）						成虫数量（头）	若虫数量（头）	各龄段若虫（头）						
							低龄	%	中龄	%	高龄	%			低龄	%	中龄	%	高龄	%	

4. 大田虫情普查

调查时间：从4月上旬开始，蝼蛄上升到表土层始期后5d开始至11月下旬。

调查方法：育苗期选不同长势的苗田，定植田选早、中、晚茬口的主栽品种类型田各2~3块，调查总田块数不少于10块。采用五点取样法，每田定点10个，每点定株10株，共取样100株。每10d调查1次，在清晨或傍晚调查受害率，统计大田虫情各级发生程度面积。虫情分级标准：0级，受害株率为0；1级，受害株率≤10%；2级，受害株率10.1%~20%；3级，受害株率20.1%~30%；4级，受害株率>30%。调查结果记入表3-73。

表3-73 蝼蛄大田虫情普查记载

调查单位：＿＿＿＿＿＿＿＿＿＿ 调查地点：＿＿＿＿＿＿＿＿＿＿ 年份：＿＿＿＿＿＿

日期		品种	生育期	调查面积（m²）	调查株数	受害株数	受害株率（%）	发生为害情况级别	天气情况	备注
月	日									

5. 栽培管理和气象条件记载

调查记载草莓设施栽培、种植品种、肥水管理和药剂防治情况，观察自然天敌种类与数量，观察记载草莓主要生育期和气温、降水等情况，作为预测蝼蛄发生为害的重要依据，观测结果记入表3-74。

表3-74 草莓栽培管理和气象资料记载

调查单位：_____ 调查地点：_____ 年份：_____

调查日期		观测地点	设施栽培	栽培品种	管理措施	药剂防治	天敌种类与数量	天气状况							备注
月	日							最高（℃）	最低（℃）	平均（℃）	降水（mm）	日照（h）	地表湿度	空气湿度	

（三）预测方法

1. 发生期预测

根据春季蝼蛄开始活动、进入表土层的时间，结合气象要素，预测春季蝼蛄出窝为害时间。

2. 发生量预测

根据表土隧道调查法调查的田间蝼蛄密度和前期灯诱数量，越冬休眠前蝼蛄虫口密度等，结合期间气象要素，预测春季发生量。

3. 模型预测

杭州市植保土肥总站多年来对蝼蛄发生为害动态进行观测，建立了蝼蛄发生期、发生量预测模型（表3-75）。其中：X_2，X_{15} 分别为上年12月、当年5月平均气温（℃）；X_4，X_5 分别为1、3月平均相对湿度（%）；X_{12}，X_{13}，X_{16} 分别为5月上旬、5月中旬、6月蝼蛄单灯诱虫量（头）；X_6，X_{18}，X_{19} 分别为3月、7月、8月降水量（mm），拟合度较高，建立的以下4个预测模型，已应用于蝼蛄发生趋势预测。

表3-75 蝼蛄发生期、发生量预测模型

模型序号	预测模型	R	备注
1	$Y_1 = -21.823 + 1.373X_2 + 0.047X_6 - 1.685X_{12} + 9.315X_{13}$	0.999 2	Y_1 为5至7月发生高峰期（6月1日为1）
2	$Y_2 = 88.927 - 1.008X_4 - 0.055X_{18} - 0.031X_{19}$	0.984 4	Y_2 为9至10月发生高峰期（9月21日为1）
3	$Y_3 = -17.009 + 3.438X_2 + 1.895X_{12}$	0.920 5	Y_3 为5至7月高峰期发生量（头）
4	$Y_4 = -547.253 + 1.601X_5 + 21.097X_{15} + 0.234X_{16}$	0.992 4	Y_4 为9至10月高峰期发生量（头）

二、绿色防控技术

（一）农业防治

精耕细作，深耕多耙；施用充分腐熟的农家肥；有条件的地区实行水旱轮作。春季根据地面隧道和小土堆的标志挖窝灭虫，夏季产卵盛期结合夏锄挖穴毁卵，效果均较好。

（二）灯光诱杀

东方蝼蛄有强烈的趋光性，在羽化期间夜晚用杀虫灯或黑光灯诱杀成虫。

（三）生物防治

红脚隼、喜鹊、黄鹂和伯劳等食虫鸟类是蝼蛄的天敌，可在苗圃周围栽植树木，设置鸟巢，吸引益鸟栖息繁殖，以消灭害虫。选用对口生物农药，与细土、沙或谷糠、麦麸等混匀，也可与草木灰、有机肥、苗床肥混匀撒施于草莓根部四周土壤，或穴施、沟施。

（四）药剂防治

发生期用毒饵诱杀：毒谷法，把饵料（麦麸、谷糠、稗子等）煮至半熟或炒香，在傍晚将毒饵均匀撒在草莓垄上（注意防止家禽、家畜误食中毒），雨后撒效果较好。或在苗圃步道间，每隔20m左右挖一小坑（规格30cm×20cm×6cm），然后将带水的鲜草加上毒饵放入坑内诱集，次日清晨集中捕杀坑内蝼蛄。毒土措施：草莓定植前，每亩用4%联苯·吡虫啉颗粒剂750~1 000g，加适量细土或基肥拌匀撒施，后整地起垄。

附 录

附录一　草莓生产技术规范[*]

1　范围

本指导性技术文件规定了草莓生产的基本要求，主要包括生产基地的选择和管理、生产投入品管理、栽培管理、有害生物防治、劳动保护、批次管理、档案记录等方面。

本指导性技术文件适用于草莓的生产。

2　规范性引用文件

下列文件中的条款通过本指导性技术文件的引用而成为本指导性技术文件的条款。凡是注日期的引用文件，其随后所有的修改单（不包括勘误的内容）或修订版均不适用于本指导性技术文件，然而，鼓励根据本指导性技术文件达成协议的各方研究是否可使用这些文件的最新版本。凡是不注日期的引用文件，其最新版本适用于本指导性技术文件。

GB/T 8321（所有部分）农药合理使用准则

GB/T 18407.2农产品安全质量　无公害水果产地环境要求

3　生产基地选择和管理

3.1　生产基地选择

生产基地环境条件应符合 GB/T 18407.2的要求，并填写《生产基地基本情况记载表》（表 A.1）和《生产基地现存生物种类调查记录表》（表 A.2）。宜选择地势平坦、排灌方便、土层深厚、土壤疏松肥沃、理化性状良好，前2~3年未种植苹果、桃、草莓等蔷薇科作物的壤土地块。

生产基地应远离污染源。连片面积宜在3hm^{2}以上。

3.2　生产基地管理

3.2.1　工作室

生产基地应建有工作室。室内配备桌椅、资料橱等，放置有关生产管理记录表册，张贴生产技术规范、病虫害防治安全用药标准一览表、基地

---

　* 中华人民共和国国家质量监督检验检疫总局、中国国家标准化管理委员会 2011-06-16 发布，2011-11-15实施，GB/Z 26575—2011

管理及投入品管理等有关规章制度。

3.2.2 基地仓库

生产基地应建有专用仓库，单独存放施药器械和未用完的种子（苗）、农药、化肥等。仓库应安全、卫生、通风、避光，内设货架，配备必要的农药配制量具、防护服、急救箱等，并填写《生产基地主要农用设备（工具）登记表》（表 A.3）。

3.2.3 盥洗室

生产基地应设有盥洗室，室内卫生清洁。

3.2.4 废物与污染物收集设施

生产基地应设有收集垃圾和农药空包装等废物与污染物的设施。

3.2.5 灌溉系统

生产基地应建立排灌分开的管理系统，如储水池、供水渠道、灌溉设备等。

井灌区水井井口应高出地面30cm以上，并配有防护设施，防止雨水倒灌和弃入污染物等。

3.2.6 植保员

生产基地应配备植保员，负责病虫害的防治、农药使用管理与记录等。植保员配备数量应能满足每个基地生产的需要，并填写《生产基地基本情况记载表》（表 A.1）和《生产基地人员登记表》（表 A.4）。

植保员应获得国家植保员职业资格证书。并经过有害生物综合治理（IPM）培训。

3.2.7 肥料员

有条件的生产基地宜配备肥料技术人员，负责肥料的施用管理与记录等。填写《生产基地人员登记表》（表 A.4）。

3.2.8 环境条件监测

新建生产基地应进行环境条件监测。每2~3年，或环境条件发生变化有可能影响产品质量安全时，应由有资质的监测单位及时进行相关指标的检测，以确定是否继续使用该生产基地。保留检测报告，并填写《生产基地基本情况记载表》（表 A.1）。

3.2.9 平面图

生产基地应制作平面分布图，用来制定种植规划和田间管理方案等。

3.2.10 标志、标示

生产基地有关的位置、场所，应设置醒目的标志、标示。

3.2.11　隔离防护

基地周围应建立隔离网、隔离带等，或具有天然隔离屏障，防止外源污染。

4　生产投入品管理

4.1　农药的采购与贮藏

4.1.1　农药的采购

应从正规渠道采购合格的农药，并索取购药凭证或发票。不应采购下列农药：非法销售点销售的农药、无农药登记证或农药临时登记证的农药、无农药生产许可证或者农药生产批准文件的农药、无产品质量标准及合格证明的农药、无标签或标签内容不完整的农药、超过保质期的农药以及国家禁止使用的农药。

采购的农药应索取农药质量证明资料，必要时进行检验，填写《生产基地投入品出、入库记录表》（表 A.5）和《生产基地农药质量检测结果记录表》（表 A.6）。

4.1.2　农药的贮藏

农药应当贮藏于厂区专用仓库，由专人负责保管。仓库应符合防火、卫生、防腐、避光、通风等安全条件要求，并配有农药配制量具、急救药箱，出入口处贴有警示标志。

4.1.3　农药包装物处理

农药包装物不应重复使用、乱扔。农药空包装物应清洗3次以上，清洗水妥善处理，将清洗后的包装物压坏或刺破，防止重复使用，必要时应贴上标签，以便回收处理。空的农药包装物在处置前应安全存放。

4.2　肥料的采购与贮藏

4.2.1　肥料的采购

应从正规渠道采购合格肥料，并索取购肥凭证或发票。不得采购下列肥料：非法销售点销售的肥料、超过保质期的肥料。

采购的肥料应填写《生产基地投入品出、入库记录表》（表 A.5）。

4.2.2　肥料的贮藏

肥料应妥善保存，单独放置于清洁、干燥的仓库，由专人负责保管。不得与苗木、农产品存放在一起。

5　栽培管理

5.1　整地施肥

5.1.1 整地

清除前茬作物残留枝叶，带出田外集中处理，降低病（虫）源基数。

深翻土壤25~30cm，整平耙实。宜使用机械耕翻，维持土壤结构。

5.1.2 整畦

起垄栽培。垄沟宽20cm，垄面宽70cm，垄高20cm。

5.1.3 基肥

根据草莓生育期和土壤肥力状况，施用腐熟有机肥（3 000~5 000）kg/亩，过磷酸钙（40~50）kg/亩，磷酸二氢复合肥20 kg/亩，生物菌肥（1~1.5）kg/亩。不得施用生活垃圾、工业废渣、污泥等。

基肥施用填写《生产基地田间农事活动记录表》（表A.7）。

5.2 种苗的选择

5.2.1 品种选择

宜选择抗病、优质、丰产、商品性好、耐储运的品种。

5.2.2 种苗质量

植物检疫合格。经处理后，填写《生产基地种子／种苗处理记录表》（表A.8）。

5.3 育苗

5.3.1 选择母株

品种纯正、健壮、根系发达、无病虫害、4片叶展开的一年生匍匐茎苗，宜用脱毒苗。

5.3.2 准备苗床

选择土壤肥沃、排灌水方便的地块作苗床，施腐熟有机肥（2 000~3 000）kg/亩，深耕25cm，做成1.5~2m宽的平畦或高畦。填写《生产基地田间农事活动记录表》（表A.7）。

5.3.3 定植母株

将母株单行定植在畦中间，株距50~80cm。

栽植深度：苗心茎部与地面平齐，深不埋心，浅不露根。

5.3.4 幼苗管理

母株栽植后要保证充足的水分供应。匍匐茎生长出后，将其在母株四周均匀摆布，并在子苗的节位上及时培土压蔓，促发新根。后期将匍匐茎截断，培壮子苗。中间及时摘除花序，节约养分。

5.3.5 假植育苗

北方6月下旬至7月中下旬、南方8月下旬至9月中下旬，选择具有三片展开叶的子苗拔出假植在苗圃中，株行距15cm×15cm，栽后浇透水，第一周要遮阳，定时喷水保持湿润。10d后叶面喷一次0.2%尿素，每隔10d喷施一次0.2%～0.3%磷酸二氢钾。及时摘出抽生的匍匐茎、枯叶、病叶。移栽前7～10d进行断根处理。并填写《生产基地田间农事活动记录表》（表A.7）。

5.4　田间管理

5.4.1　移栽

5.4.1.1　移栽时期

当假植苗在顶芽分化后，幼苗达5片展开叶、苗重约20g、新茎粗1cm以上时移栽定植。

5.4.1.2　栽植方法

大垄双行栽植。垄高30～40cm，上宽50～60cm，下宽70～80cm，垄沟宽20cm，株距15～18cm，小行距25～35cm。棚室栽培8 000株/亩，露地栽培（5 000～9 000）株/亩。尽量选阴雨天或晴天下午16时以后，带土移栽，新茎的弓背一律向外。

5.4.2　苗期管理

缓苗期一般20d左右，定植后前3d每天浇水1次，以后根据墒情适当浇水，确保幼苗扎根生长；幼苗长出3～4片新叶后，及时追肥，追施尿素10kg/亩或复合肥（10～15）kg/亩。及时摘除老叶，中耕除草，保墒。填写《生产基地田间农事活动记录表》（表A.7）。

5.4.3　越冬期管理

北方11月中下旬当日平均温度在3～5℃时，选择无风天气，覆黑色地膜；南方在覆膜后即破膜提苗。覆膜前平整地面，除去老叶、病叶，浇一遍越冬水，覆膜后4周压土盖严，根据天气情况及时覆草，保草莓安全越冬。填写《生产基地田间农事活动记录表》（表A.7）。

5.4.4　春季结果前管理

北方当日平均温度达到5℃左右，草莓开始生长时，破膜提苗，土封植株基部，摘除老叶、病叶，浇一遍返青水，并结合浇水追施尿素10kg/亩。开花前追施一次复合肥（10～15）kg/亩。并根据墒情及时浇水，一般在土壤解冻后草莓萌芽前和现蕾前各浇一次水。填写《生产基地田间农事活动记录表》（表A.7）。

5.4.5　结果期管理

根据田间草莓生长情况追肥1～2次，每次追施腐殖酸冲施肥10kg。合理疏花疏果，每花序留果2~3个。小水勤浇，幼果膨大期及时浇足水，果实成熟期浇水不宜大水漫灌。填写《生产基地田间农事活动记录表》（表A.7）。

5.5 收获及收获后处理

5.5.1 收获

采收宜在上午露水稍干时开始，11时结束，或在16时后进行。采收前，应对产品农药残留、重金属、硝酸盐等有害物质进行检验，保证产品质量安全要求，并填写《产品农药残留等有害物质检测结果记录表》（表A.9）。

采收后，填写《产品采收及流向记录表》（表A.10）。

5.5.2 包装物

包装物应洁净无污染，并妥善存放。再利用的包装物品，应清洗干净，防止有害物质污染。

6 有害生物防治

6.1 防治原则

坚持"预防为主，综合防治"的植保方针，以农业和物理防治为基础，优先采用生物防治技术，辅之化学防治应急控害措施。

6.2 主要防治对象

主要防治对象为：蚜虫、斜纹夜蛾、红蜘蛛、灰霉病、白粉病等。

6.3 防治措施

6.3.1 农业防治

6.3.1.1 选用抗病品种

宜选用抗病抗逆性强的优质、丰产品种。生产过程中应加强健身栽培，预防病害发生。

6.3.1.2 轮作

连续种植草莓2~3年后，应与非蔷薇科作物进行一次轮作。

6.3.2 生物防治

6.3.2.1 利用性信息素技术控制斜纹夜蛾，每$300m^2$放置1只专用诱捕器，每只诱捕器安装诱芯1枚，每15d更换1次诱芯，诱捕器的诱虫孔离地1.0m。

6.3.2.2 防治蚜虫，3%除虫菊素CS20g/亩，对水30~40kg，喷雾，防治次数视发生情况而定，用药间隔7~10d。填写《生产基地有害生物防

治记录表》（表 A.11 ）。

6.3.3　物理防治

6.3.3.1　防虫网

阻止蚜虫、粉虱等害虫进入棚室为害，宜选用22～30目、孔径0.18cm的银灰色防虫网，直接罩在大棚骨架上，或搭水平棚架覆盖。

6.3.3.2　黄板

棚室内设置涂有黏着剂的黄板诱杀蚜虫和粉虱等。黄板规格30cm×20cm为宜，悬挂于植株上方10～15cm处，（30～40）块/亩。

6.3.3.3　银灰膜

驱避蚜虫、粉虱等害虫，棚内悬挂银灰膜；露地栽培宜选择银灰色地膜覆盖。

6.3.4　化学防治

6.3.4.1　一般要求

应符合 GB/T 8321（所有部分）的要求。

6.3.4.2　防治方案

见附录 B。防治后填写《生产基地有害生物防治记录表》（表 A.11 ）。

6.3.4.3　施药器械

施药前应确保施药器械洁净并校准。施药器械使用后应清洗干净放置。

6.3.4.4　轮换用药

为避免或减缓有害生物抗药性的产生，宜轮换使用化学农药。

6.3.4.5　剩余药液处理

应按照需要准确配制，少量剩余药液（粉）进行无害化处理，或喷洒到法规允许的休耕地中，并填写《剩余药液或清洗废液处理记录表》（表A.12 ）。

7　劳动保护

7.1　培训

凡使用、处理农药、化肥的人员，以及所有操作危险或复杂设备的人员都应经过培训，并填写《生产基地人员登记表》（表 A.4 ）。

7.2　施药保护

施药时，操作者应穿着防护服，不得吸烟、吃东西，施药后应立即用肥皂清洗皮肤裸露部位，换洗衣服。

7.3　警示

施药后，现场应立即设置警示标志。其他工作现场和危险场所附近亦应设置警示标志。潜在危险区的警示标志设于入口处。

8 批次管理

同一地块或同一大棚采用同一种植管理模式在同一天采收的同一品种为1个生产批。以1年为1个流水周期编号，共3位数。产品批次号为采收日期（yymmdd）+流水号+产品名称拼音首字母+基地所在省（市、区）行政区划代码（6位）+基地名称拼音首字母。填写《产品采收及流向记录表》（表A.10）。

9 档案记录

每个生产地块（棚室）应建立独立、完整的生产记录档案（附录A），保留生产过程中各个环节的有效记录，以证实所有的农事操作遵循本指导性技术文件规定。记录应当保留两年以上。

附录 A

（规范性附录）

生产记录表格

表A.1　生产基地基本情况记载

基地名称				
基地地址			基地面积	
基地负责人		电话		基地建成时间
植保员姓名			资格证书号	
灌溉水源				
周围环境情况				
前茬栽培主要作物				
拟种植的主要作物				

（续表）

土壤检测报告编号		报告日期		评定结论	
水质检测报告编号		报告日期		评定结论	
空气检测报告编号		报告日期		评定结论	
备 注					

制表人： 制表日期：

表A.2 生产基地现存生物种类调查记录表

调查单位：_____ 调查负责人：_____ 调查时间：_____

生 物 名 称	学 名	分 类 地 位	密 度

制表人： 制表日期：

表A.3 生产基地主要农用设备（工具）登记表

农用设备（工具）名称	型号	生产厂家	数量	购买日期	现况	保管人	备注

表A.4 生产基地人员登记表

姓名	性别	出生日期	学历	职称/职务	参加工作时间	家庭住址	电话	证书及编号	培训记录

表A.5 生产基地投入品出、入库记录表

日期	入库						出库			库存
	投入品名称	数量	规格	生产企业	产品来源	检测报告编号	数量	领用单位	领用人	

表A.6　生产基地农药质量检测结果记录表

农药名称		剂型含量	
生产厂家		登记证号	
农药批号		采购单位	
发票号码		检测日期	
检测单位			
检测执行标准		检测报告编号	
检测结果			
检测项目	标准值	检测值	结论
备注			

表A.7　生产基地田间农事活动记录表

地块／大棚编号	前茬作物	种植作物	播种时间	播种量（kg／亩）	株行距(cm)	预计收获时间／数量
田间农事活动记录						
日期	活动内容	肥料名称	使用量	使用设备	天气状况	操作人	技术负责人

表A.8　生产基地种子／种苗处理记录表

操作人		电话	
种子／种苗品种		地块／大棚编号	
种子／种苗来源			
防治对象			

药剂处理情况记录

药剂名称与剂型	标准值	检测值	结论
生产厂家			
处理方式			
处理剂量			
处理日期			

温水浸种

水温		浸种时间	
备　注			

注：每地块／大棚一卡

表A.9　产品农药残留等有害物质检测结果记录表

产品名称		地块／大棚编号	
检测单位			
样品采集时间		检测执行标准	
报告日期		检测报告编号	

检测结果

检测项目	标准值	检测值	结论
备注			

表A.10　产品采收及流向记录表

批次号	地块／大棚编号	产品名称	采收日期	数／重量	农残检测	供货对象	备注

表A.11　生产基地有害生物防治记录表

作物名称				地块／大棚编号						
防治措施										
日期	防治对象	农药名称	使用量	使用设备	是否符合标准方案	更改标准方案理由及新方案可行性	天气状况	防治人员	植保员

注：天气状况主要记载温度、湿度、风力、降水等

表A.12　剩余药液或清洗废渣处理记录表

操作人		电话	
剩余农药或清洗废液名称		数量	
处理地点		处理日期	
处理方式			
备注			

附录 B

（规范性附录）

草莓主要有害生物防治方案

表B.1　草莓主要有害生物防治方案

生育期	防治对象	化学防治			安全间隔期
		适期	防治方法	兼治	
生长期	蚜虫	5头/株	25％噻虫嗪 WG（2~3）g/亩——※10％吡虫啉 WP（20~30）g/亩对水30~50kg 喷雾。防治次数视发生情况而定，施药间隔5~7d。	白粉虱	
	红蜘蛛	200头/百叶	15％哒螨灵 EC（10~15）mL/亩对水30~50kg 喷雾。防治次数视发生情况而定，施药间隔10~15d。		除虫菊素：5d 吡虫啉：18d 噻虫嗪：9d 哒螨灵：4d 异菌脲：37d 腐霉利：35d 亚胺菌：30d 苯醚甲环唑：21d 腈嘧菌酯：30d
	灰霉病	发病初期	**方案一：** 50％异菌脲 WP（40~50）g/亩对水30~50kg 喷雾，施药间隔7~10d。 **方案二：** 50％腐霉利 WP（25~30）g/亩对水30~50kg 喷雾，施药间隔7~10d。	炭瘟病 叶斑病 根腐病	
	白粉病	发病初期	**方案一：** 50％亚胺菌 DF（15~20）g/亩——10％苯醚甲环唑 WG（15~20）g/亩对水30~50kg 喷雾。防治次数视发生情况而定，施药间隔10h。 **方案二：** 25％腈嘧菌酯 SC（30~34）g/亩——10％苯醚甲环唑 WG（15~20）g/亩对水30~50kg。防治次数视发生情况而定，施药间隔10d。		

※ "——"表示药剂轮换使用

附加说明：

本指导性技术文件的附录 A、附录 B 为规范性附录。

本指导性技术文件由国家质量监督检验检疫总局提出。

本指导性技术文件由中国标准化研究院归口。

本指导性技术文件起草单位：国家质量监督检验检疫总局进出口食品安全局、山东省植物保护总站、青岛市植保站、烟台市植保站、莱州市植保站。

本指导性技术文件主要起草人：林伟、李明立、嵇俭、于培贞、田明英、宋姝娥、原国辉。

1　范围

本标准规定了草莓生产的组织管理、质量安全管理、种植操作规范等要求。

本标准适用于具有一定组织形式和组织化程度的草莓生产者进行草莓生产。

2　规范性引用文件

下列文件对于本文件的应用是必不可少的。凡是注日期的引用文件，仅所注日期的版本适用于本文件。凡是不注日期的引用文件，其最新版本（包括所有的修改单）适用于本文件。

GB 2762 食品安全国家标准食品中污染物限量

GB 2763 食品安全国家标准食品中农药最大残留限量

GB 3095 环境空气质量标准

GB 5084 农田灌溉水质标准

GB/T 6543 运输包装用单瓦楞纸箱和双瓦楞纸箱

GB/T 8321（所有部分）农药合理使用准则

GB 9687 食品包装用聚乙烯成型品卫生标准

GB 9689 食品包装用聚苯乙烯成型品卫生标准

GB 15618 土壤环境质量标准

GB/T 20014.2 良好农业规范第2部分：农场基础控制点与符合性规范

GB/T 20014.5 良好农业规范第5部分：水果和蔬菜控制点与符合性规范

HJ/T 332 食用农产品产地环境质量评价标准

HJ/T 333 温室蔬菜产地环境质量评价标准

NY/T 1276 农药安全使用规范总则

3　组织管理

3.1　组织形式与机构

3.1.1　经法人登记的生产主体（如企业、合作社、家庭农场等）。

3.1.2　主体内应建立与生产相适应的组织机构，包含生产、加工、销售、质量管理、检验等部门，并有专人负责。明确各管理部门和各岗位人员职责。

3.2　人员管理

3.2.1　配备

3.2.1.1　有具备相应专业知识的技术指导人员，负责技术操作规程的制定、技术指导、培训等工作。

3.2.1.2　有熟知草莓生产相关知识的质量安全管理人员，负责生产过程质量管理与控制。

3.2.1.3　从事生产的人员经过生产技术、安全及卫生知识培训，掌握草莓种植技术、投入品施用技术及安全防护知识。

3.2.2　培训

3.2.2.1　应对所有人员进行质量安全基本知识培训。

3.2.2.2　从事草莓生产关键岗位的人员（如质检员、配药员、仓库管理员等）应进行专门培训，培训合格后方可上岗。

3.2.2.3　应建立和保存所有人员相关能力、教育和专业资格、培训等记录。

3.3　职业健康

3.3.1　应制定紧急事故处理程序、防护服和防护设备的使用维护管理程序。

3.3.2　编制简明易懂的紧急事故应对知识宣传单。

3.3.3　每个草莓生产区域至少应配备1名受过应急培训，并具有应急处理能力的人员。

3.3.4　应为从事特种工作的人员（如施用农药等）提供完备、完好的防护服（例如，胶靴、防护服、胶手套、面罩等）。

3.3.5　应有专人负责人员健康、安全和福利的监督和管理，对接触农药产品的人员应进行年度身体检查。每年召开管理人员与雇员之间关于员工健康、安全和福利的会议。

4　质量安全管理

4.1　质量安全管理制度

应制定质量安全管理制度，其内容应符合 GB/T 20014.2、GB/T

20014.5的要求，并在相应功能区上墙明示。

4.2　操作规程

应简明、清晰，便于生产者使用，其内容应包含草莓生产各环节，有与操作规程相配套的记录表。

4.3　可追溯系统

4.3.1　生产批号

生产批号以保障溯源为目的，作为生产过程各项记录的唯一编码可包括种植产地、基地名称、产品类型、田块号、采收时间等信息内容。应有文件进行规定。

4.3.2　生产记录

4.3.2.1　应如实反映生产真实情况，并能涵盖生产的全过程。主要记录格式见附录 B。

4.3.2.2　基本情况记录包括：

——田块／基地分布图。应清楚地标示出基地内田块的大小和位置。

——田块的基本情况。环境发生重大变化或草莓生长异常时，应监测并记录。

——灌溉水基本情况。水质发生重大变化或草莓生长异常时，应监测并记录。

4.3.2.3　生产过程记录包括：

——农事管理记录。主要包括品种、育苗、移栽日期、耕作、病虫草害发生防治记录、投入品使用记录、采收日期、产量、贮存、土壤处理和其他操作。

——农业投入品进货记录。包括投入品名称、供应商、生产单位、购进日期和数量。

——肥料、农药的领用、配制、回收及报废处理记录。

——销售记录。包含销售日期、产品名称、批号、销售量、购买者等信息。

4.3.2.4　其他记录，包括：

——环境、投入品和产品质量检验记录。

——农药和化肥的使用应有统一的技术指导和监督记录。

——生产使用的设施和设备应有定期的维护和检查记录。

4.3.2.5　记录保存和内部自查

——应保存本标准要求的所有记录，保存期不少于2年。

——应根据本标准制定自查规程和自查表，至少每年进行1次内部自查，保存相关记录。

——根据内部自查结果发现的不符合，制定有效的整改措施，付诸实施并编写相关报告。

4.4　投诉处理

4.4.1　应制定投诉处理程序和草莓质量安全问题的应急处理预案。

4.4.2　对有效投诉和草莓质量安全问题应采取相应的纠正措施，并记录。

4.4.3　发现草莓产品有安全为害时，应及时通知相关方（官方/客户/消费者）并召回产品。

5　种植操作规范

5.1　产地选择和管理

5.1.1　产地选择

5.1.1.1　生产基地灌溉用水水质应符合 GB 5084 二级及以上要求；大气环境应符合 GB 3095 二级及以上要求；土壤应符合 GB 15618 二级及以上要求。

5.1.1.2　生产基地应具备生产所必需的条件，应选择光照充足，地面平坦，排灌方便，交通便利，土壤肥沃，有机质含量15g/kg以上，结构疏松、保水保肥性能良好的微酸性或中性壤土为宜。

5.1.1.3　产地历史的调查和环境评价

种植前应从以下几个方面对产地环境进行调查和评估，并保存相关的检测和评价记录：

——种植基地以前的土地使用情况以及重金属、化学农药（特别是长残留农药）的残留程度。

——周围农用、民用和工业用水的排污情况以及土壤的侵蚀和溢流情况。

——周围农业生产中农药等化学物品使用情况，包括常用化学物品种类及其操作方法对草莓的影响。

——考虑其生产对邻近和其他地域农作物的潜在影响。

——对种植基地按 HJ/T 332、HJ/T 333 进行环境评价。

5.1.2　基地管理

5.1.2.1　基础设施

应提供、配备并维护生产所需的基础设施，包括：

——生产所需的农田道路网络及田间生产大棚、排灌沟渠等配套设施。

——采收、包装、贮存、运输、检测和卫生等设施。

5.1.2.2　土壤管理

应符合以下要求：

——采用轮作。

——太阳能、药剂等土壤消毒技术进行处理。

——采用温室、地膜覆盖等生产技术时，应制定相应的管理规程。

——至少每2年监测1次土壤肥力水平，根据检测结果，有针对性地采取土壤施肥方案。

——每年委托有资质的检验机构对土壤进行分析检测。对不符合相应标准要求的土壤应整改或放弃。

5.2　农业投入品管理

5.2.1　采购

应制定农业投入品采购管理制度，选择合格的供应商，并对其合法性和质量保证能力等方面进行评价；采购的农药、肥料及其他化学药剂等农业投入品应有产品合格证明、建立登记台账，保存相关票据、质保单、合同等文件资料。

5.2.2　贮存

农业投入品仓库应清洁、干燥、安全，有相应的标识，并配备通风、防潮、防火、防爆、防虫、防鼠、防鸟和防止渗漏等设施；不同种类的农业投入品应分区域存放，并清晰标识，危险品应有危险警告标识；有专人管理，并有进出库领用记录。

5.3　种苗管理

5.3.1　品种选择

应根据当地自然条件、栽培技术、市场需求选择抗病、优质丰产、抗逆性强、适应性广、商品性好的品种。促成栽培选择休眠浅的品种，露地栽培选择休眠较深或深的品种。

5.3.2　种苗质量

5.3.2.1　种苗采购

种苗采购应符合以下要求：

——应具备检疫合格证或相关的有效证明。保存种苗质量、品种纯度、品种名称等有关记录及种苗销售商的证书。

——应明确繁育方式，如组培（或脱毒）一代苗或二代苗或越冬种苗。

5.3.2.2　自繁种苗

自繁种苗生产应符合以下要求：

——选择品种纯正、健壮、无病虫害的植株作为繁殖生产用苗的母株，提倡使用脱毒苗。

——明确来源，组培（或脱毒）一代苗或二代苗或越冬种苗。

5.3.3　定植

草莓定植前应进行土壤消毒，按品种特性及气候条件适时定植。应记录草莓定植的时间、方法、株行距、面积。

5.4　栽培管理

5.4.1　应根据不同栽培方式制定相应的栽培技术规程。

5.4.2　应保存棚膜覆盖、地膜覆盖、棚内温湿度、水肥管理、授粉、植株管理等栽培过程记录。

5.5　肥料施用

5.5.1　原则

应遵循培肥地力、改良土壤、平衡施肥、以地养地的原则，科学、平衡、合理施用肥料，提高肥料利用率和降低肥料对种植环境的影响。根据土壤状况、种类和生长阶段以及栽培条件等因素，选择肥料类型和施肥方式。肥料的使用应符合 NY/T 496 规定。不应使用工业垃圾、医院垃圾、城镇生活垃圾、污泥和未经处理的畜禽粪便。

5.5.2　施肥

应根据肥料类型和草莓品种制订科学合理的施肥方案。应建立和保存肥料使用记录，主要内容包括：肥料名称、类型及数量、施肥日期、施肥地点、面积、施肥机械的类型、施肥方法、操作者姓名等信息。用毕的施肥器具、运输工具和包装用品等，应严格清洗或回收。

5.6　灌溉

5.6.1　原则

应根据草莓不同生长阶段的需水要求，制订相应的灌溉计划。

5.6.2　灌溉水质监测

定期监测水质。至少每年进行1次灌溉水中微生物、化学污染物的监测，并保存相关检测记录。对检测不合格的灌溉水，应采取有效的治理措施使其符合要求或改用其他符合要求的水源。

5.6.3　灌溉方法

根据品种、种植方式、不同生育期等选择科学、有效、安全的灌溉方式。夏秋季育苗和秋季移栽前期宜喷灌，移栽成活后宜采用滴灌方式灌溉。建立灌溉操作记录，包括地块名称、品种名称、灌溉日期、用水量、操作者姓名等信息。

5.7 病虫害防治

5.7.1 一般要求

应采用安全有效的综合防治措施预防草莓病虫害的发生，制定草莓病虫害防治规程。保存实施病虫害防治的相关记录。配备经过正规培训并具有作物保护相关资质和能力的技术人员。

5.7.2 农业防治

5.7.2.1 选用抗（耐）病优良品种。

5.7.2.2 实施水旱轮作或土壤消毒处理。

5.7.2.3 育苗地夏秋高温期应根据品种采用避雨、遮阳和控苗措施。

5.7.2.4 园地做深沟高畦，采用地膜覆盖和膜下滴灌技术，大棚实行合理通风等措施，保持草莓地上部环境和大棚内空气的清洁和较低的湿度。

5.7.2.5 对草莓发病情况进行日常检查和病虫害预测预报。

5.7.2.6 收获后应清理老叶、病株、病叶、病果等残留物后深耕，借助自然条件，如太阳能进行土壤消毒。

5.7.3 物理防治

5.7.3.1 利用害虫的趋性，采用色板诱杀、防虫网、灯光诱杀、性信息素诱杀等方法。

5.7.3.2 采用人工捕杀害虫。

5.7.3.3 采用物理、机械、双色地膜覆盖或人工方法防除杂草。

5.7.4 生物防治

5.7.4.1 利用和保护害虫天敌。

5.7.4.2 使用生物源农药，如微生物农药、植物源农药。

5.7.5 化学防治

5.7.5.1 应根据国家的有关法律法规、GB/T 8321（所有部分）的规定，合理选择农药品种。

5.7.5.2 保存所用农药清单，制定农药安全使用规程，技术人员应严格按照农药标准规定用量和安全间隔期操作。草莓生产使用的农药品种及安全间隔期见附录 A。

5.7.5.3 应建立农药使用记录，主要内容包括：品种、种植基地名称、种植面积、农药名称、防治对象、使用日期、天气情况、农药使用量、施用器械、施用方式、安全间隔期及操作人签名等信息。

5.7.6　农药施用

应有农药配制的专用区域，并有相应的配药设施。农药配制、施用时间和方法、施药器械选择和管理、安全操作、剩余农药的处理、废容器和废包装的处理按 NY/T 1276 执行。

5.8　采收

5.8.1　卫生要求

5.8.1.1　应制定采收、包装与运输等工序的卫生操作规程。

5.8.1.2　应配备采收专用的容器，容器要浅，底部要平、洁净、无污染，内壁光滑。重复使用的采收工具应定期进行清洗、维护。

5.8.1.3　在工作区域内，应有洗手等卫生设施，有卫生状况良好的卫生间，卫生间应与采收、包装、贮存场所保持一定距离。

5.8.1.4　采收时采收人员应穿工作服、戴胶手套，女同志戴头帽，防止污染果实。

5.8.2　采收要求

采收时应确保所用农药已过安全间隔期。采收的果实表面着色至少应达到70％以上，具体可根据品种和销售距离确定。应对草莓质量安全进行检验，检验合格后采收。每年应根据执行的产品标准至少开展一次全项检测。应建立和保存采收、检验记录。

5.9　包装、贮存与运输

5.9.1　包装场所

应有专用包装场所，配备包装操作台、电子秤、更衣室、洗手池等，照明设备应有防爆设施，出入包装场所应洗手、更衣。包装场所应清洁卫生，有防止动物进入的设施。包装材料仓库应独立设置，宜与包装车间相连接。

5.9.2　包装

包装过程中应轻拿、轻摘、轻放，放入后，切忌翻动，包装容器最好有软垫层。采用聚苯乙烯透明塑料小盒等包装的，包装材料应符合 GB 9687、GB 9689 等相应标准要求；采用纸箱包装的，包装材料应符合 GB/T 6543 等相应标准要求。包装盒应有通气孔。每个包装所装的草莓重量不宜超过5kg。

5.9.3　标识标签

包装后应加贴标签。标签上应标明：产品名称、产地、生产者、生产日期、产品质量等级、认证标志等内容。

5.9.4　贮存

应有独立、安全的贮存场所和设施，并建立出入库记录。冷藏保存时，将温度控制在0℃，湿度控制在90％为宜。

5.9.5　运输

运输应采用带篷车或冷藏车，途中防止受到直接日晒、雨淋，无冷藏条件时，宜在清晨和傍晚气温较低时运输。运载车辆应清洁、卫生，并具有较好的抗震、通风等性能。运输时，应保持包装的完整性，不得与其他有毒、有害物质混装。

附录 A

（规范性附录）

草莓生产使用的农药品种及安全间隔期

防治对象	通用名	剂型*	含量	每亩有效成分用量	稀释倍数	施用方法	使用时间	安全间隔期(d)	每季最多使用次数	限量要求(mg/kg)
白粉病	醚菌酯	WG	50％	4.5～7.5g	3 000～5 000	喷雾	发病前期或初期	3	3	2
	四氟醚唑	EW	4％	3～4g	550～900	喷雾	发病初期	7	3	
	枯草芽孢杆菌	WP	10亿孢子/g	–	500～1 000	喷雾	发病前期或初期	–	–	
灰霉病	克菌丹	WP	50％	37.5～56g	400～600	喷雾	发病前或零星发病	–	3～5	
	啶酰菌胺	WG	50％	15～25g	900～1 500	喷雾	发病前或后	3	3	3
	枯草芽孢杆菌	WP	1 000亿孢子/g	40～60g制剂	750～1 125	喷雾	发病前期或初期	–	–	
黄枯萎病	氯化苦	LD	99.5％	16～24kg	–	土壤30cm注射，土壤熏蒸	定植前7～25天		1	
蚜虫	苦参碱	SL	1.5％	0.6～0.7g	320～375	喷雾	虫害初期			
红蜘蛛	黎芦碱	SL	0.5％	0.6～0.7g	107～125	喷雾	虫害初期	–		–
线虫	棉隆	MG	98％	20～27kg		土壤处理	定植7天以前		1	
调节生长	芸苔素内酯	SL	0.01％	0.9～1.8mg	2 500～5 000	喷雾	花期、花后1周		2	

注：WG：水分散粒剂；EW：水乳剂；WP：可湿性粉剂；LD：液剂；SL：可溶性液剂；MG：微粒剂

附录B

（资料性附录）

草莓生产良好农业规范主要记录表

表B.1　地块基本情况表

生产基地名称			
检测单位		检测日期	
大气检测情况			
土壤检测情况			
土壤类型		土壤肥力	
灌溉用水检测情况			
水来源及位置与国家标准符合情况说明			
与国家标准符合情况说明			
周围环境			
污染发生及投入品使用历史情况			
备注	附基地方位图、基地地块分布图		

记录人：　　　　　　　　　　　　　　　负责人：

　　年　　月　　日　　　　　　　　　　　　　年　　月　　日

表B.2 生产记录表

基地名称			
种植品种		种植时间	
地块编号		面积	

日期	天气	田间作业内容	作业人员签名
备注			

记录人：   负责人：
    年   月   日   年   月   日

表B.3 农投品使用记录表

基地名称			
种植品种		种植时间	
地块编号		面积	

日期	天气	投入品名称及浓度（配比）	使用量	施用方式	施用人签名
备注					

记录人：   负责人：
    年   月   日   年   月   日

表B.4　采收记录

采收日期	地块号	种植品种	面积	采收数量	生产批号	检验情况
备注						

记录人：　　　　　　　　　　　　　　　　　　　负责人：
　　年　月　日　　　　　　　　　　　　　　　　　年　月　日

表B.5　销售记录

生产批号	日期	销售人	销售数量	规格	购买者	联系方式
备注						

记录人：　　　　　　　　　　　　　　　　　　　负责人：
　　年　月　日　　　　　　　　　　　　　　　　　年　月　日

附加说明：

本标准按 GB/T 1.1-2009 的规则编写。

本标准由浙江省农业厅提出。

本标准由浙江省种植业标准化技术委员会归口。

本标准的附录 A 为规范性附录，附录 B 为资料性附录。

本标准起草单位：浙江省农业科学院农产品质量标准研究所、建德市水果生产服务站。

本标准主要起草人：王小骊、徐明飞、童英富、廖益民、赵钰燕、吴声敢、楼云君。

本标准为首次发布。

附录三 农作物优异种质资源评价规范 草莓*

1 范围

本标准规定了草莓属（*Fragaria*）优异种质资源评价的术语定义、技术要求、鉴定方法和判定。本标准适用于草莓属（*Fragaria*）优异种质资源的评价。

2 规范性引用文件

下列文件对于本文件的应用是必不可少的。凡是注日期的引用文件，仅注日期的版本适用于本文件。凡是不注日期的引用文件，其最新版本（包括所有的修改单）适用于本文件。

GB/T 6195 水果、蔬菜中维生素 C 含量测定法（2，6-二氯靛酚滴定法）

GB/T 12456 食品中总酸的测定

NY/T 1487 农作物种质资源鉴定技术规程 草莓

3 术语和定义

NY/T 1487 中界定的以及下列术语和定义适用于本文件。

3.1 优良种质资源 elite germplasm

主要经济性状表现好且具有重要价值的种质资源。

3.2 特异种质资源 rare germplasm resources

性状表现特殊的、稀有的种质资源。

3.3 优异种质资源 elite and rare germplasm resources

优良种质资源和特异种质资源的总称。

4 技术要求

4.1 样本采集

按 NY/T 1487 执行。

4.2 鉴定数据

每个性状至少应在同一地点进行3年的重复鉴定，性状观测值取其3年平均值进行判定。

---

* 中华人民共和国农业部2011-09-01发布，2011-12-01实施，NY/T 2020—2011

4.3　指标

4.3.1　优良种质资源指标（表1）。

表1　优良种质资源指标[※]

序号	性状	指标
1	一、二级序果平均单果重	≥20g
2	果面颜色	橙红、红
3	果面光泽	中、强
4	果面状态	平整、沟浅且少
5	种子密度	中、稀
6	果实香气	有
7	风味	酸甜适中、酸甜、甜
8	果肉质地	细、韧、脆
9	可溶性固形物含量	≥9%
10	单株产量	≥150g
11	草莓白粉病抗性	抗以上
12	草莓灰霉病抗性	抗以上
13	草莓炭疽病抗性	抗以上

[※] 栽培方式为露地栽培

4.3.2　特异种质资源指标（表2）。

表2　特异种质资源指标[※]

序号	性状	指标
1	小叶数	≠3
2	花色	除白色花以外花色
3	花性	雌能花、雄能花
4	一、二级序果平均单果重	≥30g
5	果面颜色	白色、绿色、黄色
6	果实形状	扁圆球形、圆球形、双圆锥形、圆柱形、卵形、带果颈形
7	种子密度	稀
8	可溶性固形物含量	≥12.0%
9	可滴定酸含量	≤0.8%或≥1.5%
10	维生素C含量	100mg/100g
11	单株产量	≥200g
12	果实成熟期	早于'丰香'或晚于'北辉'^{※※}
13	需冷量	<100h 或 >1000h
14	草莓白粉病抗性	高抗

（续表）

序号	性 状	指 标
15	草莓灰霉病抗性	高抗
16	草莓炭疽病抗性	高抗

※ 栽培方式为露地栽培

※※ 提供"丰香""北辉"的信息是为了方便标准的使用，不代表对该种质的认可和推荐，任何可以得到与该种质相同结果的种质均可作为对照样品

5 鉴定方法

5.1 一、二级序果平均单果重按 NY/T1487 的规定执行

5.2 果面颜色按 NY/T 1487 的规定执行

5.3 果面光泽按 NY/T 1487 的规定执行

5.4 果面状态按 NY/T 1487 的规定执行

5.5 种子密度按 NY/T 1487 的规定执行

5.6 果实香气按 NY/T 1487 的规定执行

5.7 风味按 NY/T 1487 的规定执行

5.8 果肉质地按 NY/T 1487 的规定执行

5.9 可溶性固形物含量参照附录 A

5.10 单株产量按 NY/T 1487 的规定执行

5.11 草莓白粉病抗性按 NY/T 1487 的规定执行

5.12 草莓灰霉病抗性按 NY/T 1487 的规定执行

5.13 草莓炭疽病抗性按 NY/T 1487 的规定执行

5.14 小叶数按 NY/T 1487 的规定执行

5.15 花色按 NY/T 1487 的规定执行

5.16 花性按 NY/T 1487 的规定执行

5.17 果实形状按 NY/T 1487 的规定执行

5.18 可滴定酸含量按 GB/T 12456 的规定执行

5.19 维生素 C 含量按 GB/T 6195 的规定执行

5.20 果实成熟期按 NY/T 1487 的规定执行

5.21 需冷量

在低温（低于7.2℃）来临前60d，将当年生匍匐茎苗定植到营养钵中。当最低气温低于7.2℃时，将草莓搬入冷库中（库温控制在5℃±2℃），每隔2d搬入温室，每次10株。温室内日温20~28℃，夜温应高于9℃，常规

管理，记录植株能正常生长发育所需的最少低温（7.2℃）时数，单位为小时，精确到整数位。

6　判定

6.1　优良种质资源判定

除同时具备表1所列的一、二级序果平均单果重、果实香气、风味、果肉质地、可溶性固形物含量五项指标外，还应具备表1所列其他2项或以上指标的种质资源为优良种质资源。

6.2　特异种质资源判定

符合表2中任意1项以上（含1项）指标的种质资源为特异种质资源。

附录 A

（资料性附录）

可溶性固形物含量的测定——折射仪法

A.1　范围

本附录适合于草莓种质资源可溶性固形物含量的测定。

A.2　试剂与材料

蒸馏水、完全成熟的草莓果实。

A.3　仪器与设备

折射仪、恒温水浴、高速组织捣碎机、架盘天平和烧杯。

A.4　采样

草莓果实完全成熟后采样，将果实切碎、混匀，加少量蒸馏水稀释（也可以不稀释），称取250g，精确至0.1g，放入高速组织捣碎机捣碎，用两层擦镜纸或纱布挤出匀浆汁液测定。

A.5　分析步骤

调节恒温水浴循环水温度至20℃±0.5℃，使水流通过折射仪的恒温器。循环水也可在15～25℃范围内调节，温度恒定不超过±0.5℃。用蒸馏水校准折射仪读数，在20℃时将可溶性固形物调整至0；温度不在20℃时，按表A-1的校正值进行校准。将棱镜表面擦干后，滴加2～3滴待测样液于棱镜中央，立即闭合上下两块棱镜，对准光源，转动消色调节旋钮，使视野分成明暗两部分，再转动棱镜旋钮，使明暗分界线适在物镜的十字交叉点上，读取刻度尺上所示百分数，并记录测定时的温度。

表A-1 折射仪测定可溶性固形物温度校正

温度	可溶性固形物（%）										
℃	0	5	10	15	20	25	30	40	50	60	70
应减去的校正值											
15	0.27	0.29	0.31	0.33	0.34	0.34	0.35	0.37	0.38	0.39	0.40
16	0.22	0.24	0.25	0.26	0.27	0.28	0.28	0.30	0.30	0.31	0.32
17	0.17	0.18	0.19	0.19	0.21	0.21	0.21	0.22	0.22	0.23	0.24
18	0.12	0.13	0.13	0.13	0.14	0.14	0.14	0.15	0.15	0.16	0.16
19	0.06	0.06	0.06	0.06	0.07	0.07	0.07	0.08	0.08	0.08	0.08
应加上的校正值											
21	0.06	0.07	0.07	0.07	0.07	0.08	0.08	0.08	0.08	0.08	0.08
22	0.13	0.13	0.14	0.14	0.15	0.15	0.15	0.16	0.16	0.16	0.16
23	0.19	0.20	0.21	0.22	0.22	0.23	0.23	0.23	0.24	0.24	0.24
24	0.26	0.27	0.28	0.29	0.30	0.30	0.31	0.31	0.31	0.32	0.32
25	0.33	0.35	0.36	0.37	0.38	0.38	0.39	0.40	0.40	0.40	0.40

A.6 结果计算

A.6.1 温度校正

测定温度不在20℃时，查表 A-1 将检测读数校正为20℃标准温度下的可溶性固形物含量。

A.6.2 计算公式

未经稀释的试样，温度校正后的读数即为试样的可溶性固形物含量（SSC）稀释过的试样，SSC用式（A.1）计算：

$$SSC = p \times \frac{M1}{M2} \qquad （A.1）$$

式中：

p——测定液可溶性固形物含量，单位为百分率（%）；

$M1$——稀释前试样质量，单位为克（g）；

$M2$——稀释后试样质量，单位为克（g）。计算结果表示到小数点后两位。

A.6.3 结果表示

同一试样取三个平行样测定，以其算术平均值作为测定结果。

A.6.4 允许差

三个平行样的测定结果最大允许绝对差，未经稀释的试样为0.5%，稀释过的试样为0.5%乘以稀释倍数（即稀释后试样克数与稀释前试样克数的比值）。

附加说明：

本标准按照 GB/T 1.1—2009 给出的规则起草。

本标准由中华人民共和国农业部种植业管理司提出。

本标准由全国果品标准化技术委员会（SAC/TC510）归口。

本标准起草单位：中国农业科学院茶叶研究所、北京市农林科学院林业果树研究所、江苏省农业科学院园艺研究所。

本标准主要起草人：张运涛、王桂霞、赵密珍、江用文、董静、钟传飞、王丽娜、常琳琳、张利喜、钱亚明、王壮伟、王静、袁骥。

附录四　草莓枯萎病菌检疫鉴定方法*

1　范围

本标准规定了草莓枯萎病菌的检疫鉴定方法。

本标准适用于草莓苗中及其携带土壤中草莓枯萎病菌的检疫鉴定。

2　草莓枯萎病菌的基本信息中文名：草莓枯萎病菌

学名：*Fusarium oxys porum*（*Schlecht.*）f. sp. *fragariae* Winks & Williams

英文名：Fusarium wilt of strawberry

分类地位：草莓枯萎病菌属真菌界（Fungi），子囊菌门（Ascomycota），盘菌亚门（Pezizomycotina），粪壳菌纲（Sordariomycetes），肉座菌目（Hypocreales），丛赤壳科（Nectriaceae），镰刀菌属（*Fusarium*）。传播途径：病菌依靠带菌种苗和土壤进行远距离传播。

草莓枯萎病菌的其他信息（附录 A）。

3　方法原理

病原菌的为害症状、分离培养性状、形态特征及 PCR 特异性扩增片段作为草莓枯萎病菌的检疫鉴定依据。

4　仪器用具和主要试剂

4.1　仪器用具

显微镜、超净工作台、生物培养箱、电子天平、高压灭菌锅、常规冰箱（-20℃）。PCR 扩增仪、电泳仪、凝胶成像仪、高速冷冻离心机、恒温水浴锅。

培养皿、三角瓶、镊子、手术剪、手术刀、接种针、移液器、酒精灯。

4.2　主要试剂

乙二胺四乙酸（EDTA）、十二烷基磺酸钠（SDS）、Tris-HCl、异戊醇、三氯甲烷、无水乙醇、70% 乙醇、氯化钾、氯化镁、蛋白酶 K、引物 FofraF/FofraR、Taq 聚合酶等分子生物学试剂。或用植物组织及真菌基因

---

*国家市场监督管理总局、中国国家标准化管理委员会 2018-09-17 发布，2019-04-01 实施，GB/T 36810—2018

组提取试剂盒提取 DNA。蔗糖、葡萄糖、琼脂、青霉素、链霉素、0.5%次氯酸钠（NaClO）。

马铃薯蔗糖培养基（PSA）、马铃薯葡萄糖培养基（PDA）的制备参见附录 B。

5病菌的鉴定

5.1 症状检查

取待检植株，观察植株有无生长不良、矮小衰弱及腐烂症状，下部叶片是否变紫红色萎蔫，心叶是否变黄绿或黄色，纵切叶柄、果梗和根部，检查维管束是否变色（附录 A 中图 A-1），对变色的可疑材料进行分离培养。检查植株有无附着土壤，若发现土壤，对土壤进行分离培养。

5.2 病原菌的分离培养

5.2.1 种苗中病原菌的分离培养。

变色的可疑材料用0.5%次氯酸钠表面消毒5min，再用灭菌水冲洗30min，剪成3~5mm小段置 PSA 或 PDA 平板上，25℃，全光照下培养，培养48h后开始观察菌落形态、大分生孢子、小分生孢子及厚垣孢子着生情况和形态特征。

5.2.2 土壤中病原菌的分离培养。

取2g土壤放入200mL灭菌水中，用磁力棒搅拌，使其充分混匀，悬浮液稀释10倍，取0.5mL土壤稀释液涂抹于 PSA 或 PDA 平板上，每处涂抹5个培养皿，25℃，全光照下培养，培养48h后开始观察菌落形态、大部分孢子、小分生孢子及厚垣孢子着生情况和形态特征。

5.3 分子生物学鉴定'

5.3.1 引物。

采用特异性引物 FofraF/FofraR 进行扩增，目标片段为239bp。

FafraF：5'-CAGACTGGGGTGCTTAAAGTT-3'

FafraF：5'-AACCGCTAGGGTCGTAACAAA-3'

5.3.2 DNA 提取。

可疑菌株在 PSA 或 PDA 上生长7d左右，取菌丝提取 DNA 参见附录 C，也可用植物组织及真菌基因组提取试剂盒提取 DNA，提取步骤详见使用说明。

5.3.3 PCR 反应。

PCR 反应体系总体积25µL，包括：EmeraldAmp Max PCR Master Mis

（2×Premix）（CodeRR320）12.5μL；dd H$_2$O 9.0μL；引物各1.0μL；DNA模板1.5μL（30ng/μL）。PCR反应程序：94℃预变性2min；94℃变性1min，63℃复性1min，72℃延伸1min，30个循环；72℃ 7min，保存于4℃。

扩增产物在2.0％琼脂糖凝胶1×TAE缓冲液中电泳，EB染色后凝胶成像，分析是否出现目标片段大小的单带。

6 鉴定特征

6.1 培养性状

在PSA培养基平板上菌落突起，白色致密呈絮状，高3~5mm，菌落正面有同心轮纹，背面菌落呈紫色。在PDA培养基上，2d后出现白色菌丝，3d后开始产孢，7d后菌落呈圆形，边缘白色，向内逐渐变成粉红色，菌丝细绒状、蓬松，背面菌落呈紫色（附录D中图D-1）。

6.2 形态特征

菌丝有隔，小型分生孢子居多，着生于单生瓶梗上，常在瓶梗顶端处聚成假头状，无色，单孢，长椭圆形，椭圆形或卵形，无或有1个分隔，大小为（3.9~13.0μm）×（2.6~5.2μm）；大型分生孢子较少，镰刀形或新月形，有脚孢，1~4个分隔，多为3隔，大小为（13.0~36.4μm）×（2.6~5.2μm）。厚垣孢子间生或顶生，球形，大小为（5.2~13.00μm）×（5.2~13.0μm）（附录D中图D-2）。草莓枯萎病菌与其近似种的区别（附录E）。

6.3 PCR特异性产物

引物FofraF/FofraR特异性PCR扩增片段为239bp。

7 结果判定

病原菌培养性状符合6.1中描述，形态特征符合6.2中描述，PCR特异性扩增片段符合6.3中描述可鉴定为草莓枯萎病菌。

8 样品保存

8.1 样品保存与处理

样品登记和经手人签字后妥善保存。对检出草莓枯萎病菌的样品应存于4℃冰箱中，以备复核。该类样品保存期满后应经高压灭菌后方可处理。

8.2 菌株保存与处理

从检测样品中分离并鉴定为草莓枯萎病菌的菌株，应妥善保存。将菌株种于PSA培养基斜面上，存活后置于4~8℃黑暗条件下保存，定期（3个月）转接，以防止病菌死亡，至少保存6个月，必要时用病菌分生孢子作冻干菌保存。保存期满后高压灭活处理。

8.3　结果记录与资料保存

实验记录包括样品的来源、种类、时间，实验的时间、地点、方法和结果等，并有实验人员和审核人员签字。

附录A
（资料性附录）
草莓枯萎病菌的其他信息

A.1　寄主范围

草莓属 *Fragaria* L.。

A.2　地理分布

欧洲：波兰、西班牙；

美洲：美国；

非洲：埃及；

亚洲：日本，韩国，中国的四川、河北、东北三省、上海；

大洋洲：澳大利亚。

A.3　症状特征

草莓枯萎病菌主要侵害根部，表现在地上部分，从开花及收获期发生，心叶变黄绿或黄色卷曲，小叶变狭小或呈船形，多数变硬。叶色变黄，表面粗糙无光泽，随后叶缘变褐，向内萎蔫，直至枯死。病菌引起系统症状，导致病株根系坏死，生长不良，矮小衰弱，叶无光泽，下部叶片变紫红色萎缩，叶柄和果梗的维管束变褐色或黑褐色，不长新根，潮湿时近地面基部长出紫红色的分生孢子，最后全株枯死，轻病株则结果减少，果实不能正常膨大，品质低劣。

草莓枯萎病菌症状如图 A-1 所示。

A.4　传播途径

草莓枯萎病菌是尖孢镰刀菌草莓专化型，不能侵害其他作物，只能通过带病种苗和病土传播。病害一旦传入，便在采苗床、假植床和大田循环侵染，扩大蔓延，难以防治。土壤传染主要以厚垣

图 A-1　草莓枯萎病菌症状

孢子作传染源，而且病菌无论在旱地还是水田都能长期生存，并且在20cm的土层内密度最高。如果翌年在带有病菌的地里育苗，病菌先侵染母株，然后通过匍匐茎、导管再传给子苗，因为苗期症状不明显，而被当作健苗来移栽。一般靠近母株的苗子发病早，带病率高，发病也严重。病原菌主要靠病根、病叶通过土壤和水进行扩散传播。酸性潮湿的土、夏季持续高温多雨和偏酸的灌溉水均能导致草莓枯萎病菌的严重发生，冬春季低温干燥时该病发生较轻。

附录 B

（资料性附录）

培养基的制备

B.1　马铃薯蔗糖培养基（PSA）

马铃薯去皮后洗净，切成小块，称取200g，蒸馏水中煮30min，用4层纱布过滤，加入10~20g蔗糖、17~20g琼脂，加热使之完全溶解，蒸馏水定容至1 000mL，121℃高压灭菌15min为抑制细菌生长，高压灭菌后在50~60℃时，每100mL培养基加入青霉素5mg，链霉素3mg。

B.2　马铃薯葡萄糖培养基（PSA）

马铃薯去皮后洗净，切成小块，称取200g，蒸馏水中煮30min，用4层纱布过滤，加入10~20g葡萄糖、17~20g琼脂，加热使之完全溶解，蒸馏水定容至1 000mL，121℃高压灭菌15min。为抑制细菌生长，高压灭菌后在50~60℃时，每100mL培养基加入青霉素5mg，链霉素3mg。

附录 C

（资料性附录）

DNA 提取方法

DNA 提取步骤如下：

（1）挑取菌丝约0.1g，用灭菌滤纸吸干水分，放入1.5mL离心管中，加液氮冷冻，用塑料棒磨碎菌丝，待用。

（2）离心管中加入400~500μL CTAB缓冲液和0.1g蛋白酶K，混匀，65℃水浴lh，140 00g离心5min，保留上清液。

（3）取上清液，加500μL的Tris饱和酚；三氯甲烷；异戊醇（25∶24∶1）混匀，14 000g离心5min。

（4）取上清液于1.5mL，离心管中，加500μL三氯甲烷；异戊醇（24∶1），轻摇混匀，14 000g离心5min。

（5）取上清液，加入1mL异丙醇混匀，−70℃下放置1h，或−20℃过夜；13 000g离心10min。

（6）弃去上清液，冷70％乙醇洗DNA沉淀2次，温室干燥，用30～50 μL Tris−EDTA缓冲溶液解DNA。

附录D

（资料性附录）

草莓枯萎病菌的培养性状和形态特征

PDA培养基上草莓枯萎病菌菌落形态如图D-1所示。

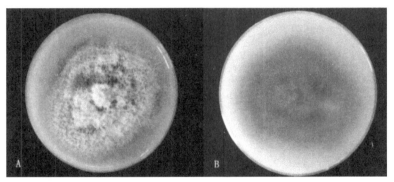

图D-1　PDA培养基上草莓枯萎病菌菌落形态

说明：

A——PDA上菌落正面图；

B——培养基底部菌落产生紫色色素。

病菌形态特征如图 D-2 所示。

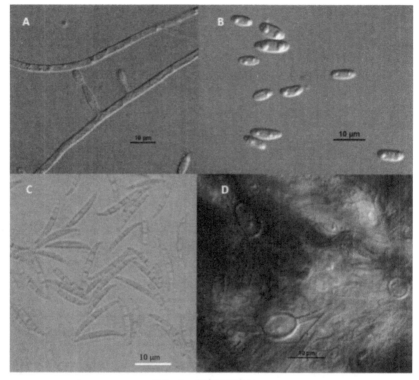

图 D-2　病菌形态特征

说明：

A——单出瓶状分生于包子梗（标尺25μm，引自 HosseinGolzar，Australia）；

B——小型分生孢子；

C——厚垣孢子；

D——大型分生孢子。

附录E

（资料性附录）

草莓枯萎病菌与草莓上其近似种的区别

草莓枯萎病菌与草莓上其近似种的区别（表E.1）

表E.1　草莓枯萎病菌与草莓上其近似种的区别

病原菌	*Fusarium oxys parum* f. sp. *fragariae*	*Fusarium equiseti*	*Fusarium sambuciumu*
症状特征	主要侵害根部，心叶变黄绿或黄色卷曲，小叶变狭小或呈船形，多数变硬。叶色变黄，表面粗糙无光泽，随后叶缘变褐，向内萎蔫，直至枯死。病菌引起系统症状，导致病株根系坏死，生长不良，矮小衰弱，叶无光泽，下部叶片变紫红色萎蔫，叶柄和果梗的维管束变褐色或黑褐色，潮湿时近地面基部长出紫红色的分生孢子，最后全株枯死	草莓根腐，病株新出叶变小，深绿色，根部变褐腐败，不长新根	为害果实，引起烂果
培养性状	PSA培养基平板上菌落突起，白色致密呈絮状，高3~5mm，菌落正面有同心轮纹，背面菌落呈紫色。PDA培养基上，2d后出现白色菌丝，3d后开始产孢，7d后菌落呈圆形，边缘白色，向内逐渐变成粉红色，菌丝细绒状、蓬松，背面菌落呈紫色	PSA培养基平板上菌丝绒状，白色至浅驼色，基物表面淡粉至褐色，基物不变色。PDA培养基平板上，气生菌丝米黄色，比较疏松，棉絮状	PSA培养基平板上气生菌丝白色至米黄色，间有椰壳棕色的黏孢团，基物表面略显棕色，基物不变色。PDA培养基平板上菌丝稀疏，颜色为淡红色，菌落中央产生大量的红色分生孢子座，随着菌落的扩展，PDA培养基颜色逐渐变为淡红色
大分生孢子	较少，镰刀形或新月形，有脚胞，1~4个隔膜，多为3个隔膜，大小为(13.0~36.4)μm×(2.6~5.2)μm	纺锤形或镰刀形，顶端细胞逐渐均匀狭细，孢子较弯曲，中部显著膨大，基部有明显的脚胞，2~6个隔膜，多为3~4个隔膜，大小为(25.6~37.2)μm×(3.6~5.0)μm	通常3~5个隔膜，多为3个隔膜，顶细胞乳突状非常明显，鸟嘴状或渐尖，大小为(16.6~42.6)μm×(2.5~4.00)μm，分生孢子座的产于包梗分枝或不分枝，单瓶梗
小分生孢子	多，着生于单生瓶梗上，常在瓶梗顶端处聚成假头状，无色，单孢，长椭圆形，椭圆形或卵形，0~1个隔膜，大小为(3.9~13.0)μm×(2.6~5.2)μm	少，椭圆形或长椭圆形，分生孢子梗短梗形	偶尔产生，椭圆形，0~1个隔膜
厚垣孢子	间生或顶生，球形，大小为(5.2~13.0)μm×(5.2~13.0)μm	球形，表面不光滑，多个菌丝中串生	无，也有文献报道培养6~7周后产生，表面光滑，近无色，串生或聚生

附加说明：

本标准按照 GB/T 1.1—2009 给出的规则起草。

本标准由全国植物检疫标准化技术委员会（SAC/TC 271）提出并归口。

本标准起草单位：中华人民共和国天津出入境检验检疫局。

本标准主要起草人：刘跃庭、罗加凤、牛春敬、崔铁军、廖芳。

附录五　草莓角斑病菌检疫鉴定方法[*]

1　范围

本标准规定了草莓角斑病菌 *Xanthomonas fragariae* Kennedy &. King的检疫鉴定以及形态学特征、生物学特征和PCR特异性反应为依据，明确了样品采集、病原菌分离、致病性测定、CR反应、样品保存的方法。

本标准适用于草莓种苗中草莓角斑病菌的检疫和鉴定。

2　规范性引用文件

下列文件对于本文件的应用是必不可少的。凡是注日期的引用文件，仅注日期的版本适用于本文件。凡是不注日期的引用文件，其最新版本（包括所有的修改单）适用于本文件。

GB/T 4789.28—2003食品卫生微生物学检验染色法、培养基和试剂

SNIT 1157进出境植物苗木检疫规程

3　草莓角斑病菌基本信息中文名：草莓角斑病菌

学名：*Xanthomonas fragariae* Kennedy & King

病害英文名：Angular leaf spot of strawberry O

属于原核生物界 Procaryote，薄壁细菌门 Gracilicutes，暗细菌纲 Seoto-bacteria，假单胞杆菌科 Pseudomonadaceae，黄单胞杆菌属 *Xanthomonas*。

该病菌可通过雨水和田间灌溉飞溅作局部传播、扩散，携带病菌的草莓苗以及夹杂在草莓苗中的病残体都可能随贸易作短距离和长距离的运输传播。

草莓角斑病菌的其他信息参见附录 A。

4　方法原理

根据草莓角斑病菌的为害症状采集样品，通过实验室分离、培养和致病性测定，以及分子生物学测定等方法，依据病害的症状、病原菌的形态特征、生物学特性、生化特性、致病性测定，以及分子生物学特征

---

*中华人民共和国国家质量监督检验检疫总局，中国国家标准化管理委员会2012年12月31日发布，2013年3月1日实施，GB/T 29429—2012

进行判定。

5 仪器和用具

生物显微镜、生化培养箱、压灭菌器、电子天平（感量0.01mg）、恒温振荡培养箱、超净工作台、PCR仪、电泳装置、恒温水浴锅、高速冷冻离心机、移液器、移液器枪头、研钵、量筒、烧杯、培养皿、PCR管、离心管、接种针、玻璃棒、剪刀等。

6 主要试剂

蛋白栋、酵母膏、蔗糖、葡萄糖、琼脂粉、冰乙酸、乙醇、乙二胺四乙酸（EDTA）、十六烷基三甲基溴化铵（CTAB）、三羟甲基氨基甲烷（Tris）、十二烷基磺酸钠（SDS）、液氮、醋、三氯甲烷、异戊醇、异丙醇、琼脂糖（电泳用）、溴化乙锭（EB）、TaqDNA、聚合酶、氯化钾（KCl）、磷酸氢二钾（K_2HPO_4）、氯化钠（NaCl）、磷酸氢二钠（Na_2HPO_4）、氯化镁（$MgCl_2$）、硫酸镁（$MgSO_4 \cdot 7H_2O$）、硝酸钠（$NaNO_3$）、乙二胺四乙酸钠（Na_2EDTA）、溴酚蓝、蛋白酶K、RNaseA、10×PCR缓冲液、dNTP（dATP、dTTP、dCTP、dGTP）。

7 鉴定方法

7.1 现场检疫

抽样数按 SN/T1157 中规定的方法进行。

在现场检疫时，应仔细检查草莓苗叶和茎有无病变症状，如在草莓叶面上发现水渍状红褐色不规则形病斑、叶背溢出菌脓、植株生长点变黑等可疑症状时，应取样作实验室鉴定。

在产地检疫和隔离试种期间，还要注意检查有无淡红褐色干枯病叶或生长点死亡的植株，当发现可疑症状应取样作实验室鉴定。

7.2 病原菌分离纯化

选取新发病的、带有水渍状病斑的病叶，用70％的乙醇进行表面消毒，切取病健交界处，无菌水冲洗后碾碎，置于 PBS 缓冲溶液（附录 B）中10~15min。在无菌操作条件下吸取稀释液均匀涂布于 WILBRINK-N 培养基（附录 B）平极上，置于25℃培养5~7d，然后再进行三次的纯化，最后获得纯菌株。

7.3 病原菌形态观察及生理生化测定

7.3.1 形态观察。

对分离纯化获得的纯菌株，经染色制成玻片，在显微镜下观察形状，测量大小。

7.3.2　菌落颜色。

将菌株在 WILBRINK-N 或 YPGA 培养基（附录 B）上画线培养，置于25℃培养5~7d，观察菌落的颜色和形状。

7.3.3　生理生化测定（附录 C）。

7.4　致病性测定

将 WILBRINK-N 或 YPGA 培养液（附录 B）中培养3~5d的菌株，用PBS缓冲溶液稀释到10° CFU/mL，选取完全健康的草莓感病品种，用蘸取悬浮液的接种针小心地扎刺新生叶面，每片叶扎刺5~10次，最好不要扎穿叶子，设置五个重复，以 PBS 缓冲溶液为对照。接种后用塑料袋罩住植株，使植株置于20~25℃、相对湿度≥80％的隔离温室里生长4周，每天观察并记录发病情况，出现症状后，用7.2方法进行病原菌再分离、纯化。

7.5　PCR法检测

该检测方法（附录 D）。

8　鉴定特征

8.1　症状特征

草莓角斑病菌初侵染时在叶片下表面出现1~4mm大小的水渍状红褐色不规则形病斑，病斑扩大时受细小叶脉所限呈角形叶斑。病斑在可见光下呈透明状，在反射光下呈暗绿色。病斑逐渐扩大后融为一体，渐变换红褐色而干枯。湿度大时叶背可见溢出菌脓，干燥条件下成一薄膜。病斑常在叶尖或叶缘处，严重时使植株生长点变黑枯死，叶片发病后常干缩破碎形成孔洞。在适宜的条件下，花萼也能受侵染。另外，该细菌还可导致维管束病变。

8.2　病原特征

无荚膜杆菌，单个、成双或成短链，具单根极鞭，革兰氏染色阴性，大小约为0.4μm×1.3μm。病菌生长较慢，在培养基上4~5d才能形成菌落。营养琼脂上，菌落圆屋顶形，边缘整齐规则，有光泽，黄色奶油状。好氧菌，氯化钠最大耐受力为0.5％~1.0％，生长最适温度25℃，超过33℃不能生长。明胶液化、淀粉水解，不水解七叶苷，不从阿拉伯糖、半乳糖、海藻糖、纤维二糖溶液产酸，不能利用天冬酰胺作唯一碳源和氮源。

8.3　致病性特征

针刺接种后，在7d左右应出现水渍状红褐色病斑，这些病斑逐渐扩大坏死，经病原菌再分离获得的纯菌株应具有与原菌株一致的病原特征。而所设的阴性对照并没有出现相应症状。

8.4 分子生物学特征

测试菌株经PCR反应后，如果PCR产物与阳性对照条带一致（537bp），且阴性对照和空白对照均没有相应条带，则能证明所测菌株为阳性。否则，则判断为阴性。

9 结果评定

根据草莓角斑病菌的鉴定特征〈见8鉴定特征〉进行综合判定，凡症状、病原特征、生理生化特性、致病性特征以及分子生物学特征与"8鉴定特征"描述相符，可以判定为草莓角斑病菌，否则结果判定为不是。

10 样品保存

经检疫鉴定后，应妥善保存样品及菌株，以备复验、谈判和仲裁。保存期满，需经灭菌后方可处理。

11 菌株保存

从检测样品中分离到并鉴定为草莓角斑病菌的菌株，应妥善保存。将菌株转接到WILBRINK-N或YPGA培养基斜面上，25℃恒温培养5~7d。然后置于4℃冰箱中保存，定期（30~60d）转接，防止病菌死亡；必要时将菌株用真空冷冻干燥机制成冻干粉，-80℃下长期保存。

附录 A
（资料性附录）
草莓角斑病菌的相关资料

A.1 分布

以色列、比利时、法国、希腊、意大利、葡萄牙、罗马尼亚、西班牙、瑞士、埃塞俄比亚、留尼汪、澳大利亚、新西兰、美国（加利福尼亚州、佛罗里达州、肯塔基州、明尼苏达州、威斯康星州）、阿根廷、巴西、智利、厄瓜多尔、乌拉圭、委内瑞拉。

A.2 寄主范围

草莓（*Fragaria ananassa*）是该病原菌的主要寄主。病原菌对草莓属（*Fragaria*）的其他品种的致病性变化较大。人工接种情况下，弗州草莓（*F.virginiana*）、野草莓（*F.vesca*）、金露梅（*Potentilla fruticosa*）和委陵菜（*P.glandulosa*）均可被草莓角斑病菌侵染。草莓属植物中仅麝香草莓（*F.moschata*）对草莓角斑病菌免疫。

A.3　生物学特性

病叶残渣和带菌植株是发病的初次侵染源。在病残叶和土壤中，病菌能够存活到下茬作物；在实验室保存的干燥病叶片中，病原菌至少可存活两年半。在草莓开始生长时，病原菌由病残叶传播到幼叶上，细菌可从侵染区沿着幼叶基部叶脉扩散，在田间传播主要靠雨水、喷灌及风的作用传播。病原菌可通过气孔侵入，也可经过局部伤口或下方的病叶侵染，在整个生长期发生多个侵染循环，病菌可侵染植物的花，但不侵染果实。中等偏低的日温（约20℃）、夜间低温及较高的湿度更有利于该病菌的侵染。

附录 B
（资料性附录）
草莓角斑病菌常用培养基、缓冲液配方

B.1　WILBRINK-N 培养基

蔗糖10.0g/L，蛋白胨5.0g/L，磷酸氢二钾0.5g/L，硫酸镁0.25g/L，硝酸钠0.25g/L，琼脂15.0g/L，pH值7.2。

B.2　WILBRINK-N 培养液

蔗糖10.0g/L，蛋白胨5.0g/L，磷酸氢二钾0.5g/L，硫酸镁0.25g/L，硝酸钠0.25g/L，pH值7.2。

B.3　YPGA 培养基

葡萄糖20.0g/L，蛋白胨10.0g/L，酵母膏5.0g/L，琼脂15.0g/L，pH值7.2。

B.4　YPGA 培养液

葡萄糖20.0g/L，蛋白胨10.0g/L，酵母膏5.0g/L，pH值7.2。

B.5　PBS 缓冲液

氯化钠8.0g/L，氯化钾0.2g/L，磷酸氢二钠2.9g/L，磷酸氢二钾0.2g/L，pH值7.2。

附录 C

（规范性附录）

生理生化测定

C.1　革兰氏染色法

按 GB/T 4789.28—2003 中 2.2 规定的方法进行。

C.2　鞭毛染色法

按 GB/T 4789.28—2003 中 2.7 规定的方法进行。

C.3　草莓角斑病菌与近似种的区别

草莓角斑病菌与近似种草莓细菌性叶斑病菌（*X.arboricola pv. fragariae*）及甘蓝黑腐病菌（*X.campestris*）的区别（表 C-1）。

表C-1　草莓角斑病菌与草莓细菌性叶斑病菌及甘蓝黑腐病菌的区别

测试项目	草莓角斑病菌	草莓细菌性叶斑病菌	甘蓝黑腐病菌
35℃生长	−	ND	+
2% NaCl 生长	−	+	+
水解七叶苷	−	+	+
明胶液化	+	+	±
蛋白消化		ND	+
淀粉水解	+	+	±
尿酶产生	−	−	−
阿拉伯糖产酸	−	ND	+
半乳糖产酸	−	+	+
海藻糖产酸	−	ND	+
纤维二糖产酸	−	+	+

注：ND 未测定；+90% 以上菌株为阳性；90% 以上菌株为阴性；±11%；89% 菌株为阳性

附录 D

（规范性附录）

PCR 法检测

D.1　病原细菌 DNA 的提取

取待测样品或分离培养菌株，利用 DNA 提取试剂盒方法提取 DNA，并测定 DNA 浓度，−20℃保存备用。也可直接用培养的菌株稀释悬浊液作为模板进行 PCR 反应。

D.2　引物序列

正向引物：XF9：5'TGGGCCATGCCGGTGGAACTGTGTGG-3'；反向引物：XFll：5'TACCCAGCCGTCGCAGACGACCGG-3'。

D.3　PCR 反应体系及参数

D.3.1　PCR 反应体系（表 D−1）。

表D−1　PCR反应体系

试剂名称	终浓度
10×PCR 反应缓冲液	1×
MgCl₂	2.5mmol/L
dNTPs	0.2mmol/L
正向引物	0.2μmol/L
反向引物	0.2μmol/L
TaqDNA 聚合酶	2.5U
DNA 模板	1μL
补 H₂O 至	50μL

D.3.2　阴性对照、阳性对照和空白对照的设置

阴性对照：以待测健康的草莓叶片 DNA 为模板；阳性对照：采用草莓角斑病菌或含有待测基因序列的质粒 F 空白对照：设两个，一是提取 DNA 时设置的提取空白对照（以水代替样品），二是 PCR 反应的空白对照（以水代替 DNA 模板）。

D.3.3　PCR 的反应参数

95℃ /2min；94℃ /30s；65℃ /30s；72℃ /1min，35 个循环。72℃ /5min，

最后4℃保温。

注：不同仪器可根据仪器要求将反应参数作适当调整。

D.3.4　琼脂糖凝胶电泳

制备2%的琼脂糖凝胶，用 DNA Marker 作为相对分子质量标记，进行电泳分析，电泳结束后在凝胶成像仪的紫外透射光下观察并拍摄记录。

D.4　结果判断

若有537bp大小的产物带出现，可判定为阳性。

附加说明：

本标准按照 GB/T 1.1—2009 给出的规则起草。

本标准由全国植物检疫标准化技术委员会（SAC/TC 271）提出并归口。

本标准起草单位：中华人民共和国江苏出入境检验检疫局、中华人民共和国山东出入境检验检疫局、中国检验检疫科学研究院。

本标准主要起草人：刘天鸿、邵秀玲、赵文军、杨万风、厉艳、魏厚德、沙天慧、孟祥龙。

附录六　农药田间药效试验准则（二）*

第119部分：杀菌剂防治草莓白粉病

1　范围

本部分规定了杀菌剂防治草莓白粉病（*Sphaerotheca macularis*）田间药效小区试验的方法和要求。

本部分适用于杀菌剂防治草莓白粉病登记用田间药效小区试验及药效评价。其他田间药效试验参照本部分执行。

2　试验条件

2.1　作物品种和试验对象的选择

试验对象为白粉病。

试验作物为草莓。选用感病品种，记录品种名称。

2.2　环境条件

田间试验应选择在草莓大面积种植区并历年白粉病发生严重的地块。所有试验小区的栽培条件（如土壤类型、施肥、品种、种植密度等）应一致，且符合当地科学的农业实践（GAP）。

如果在温室进行熏蒸剂、烟雾剂的试验，每个处理应使用单个温室或隔离室。

3　试验设计和安排

3.1　药剂

3.1.1　试验药剂。

注明药剂商品名或代号、通用、中文名、剂型含量和生产厂家。试验药剂处理应不少于三个剂量或依据协议（试验委托方与试验承担方签订的试验协议）规定的用药剂量。

3.1.2　对照药剂。

对照药剂应是已登记注册的并在实践中证明是有较好药效的产品。对照药剂的类型和作用方式应同试验药剂相近并使用当地常用剂量，特殊情

---

* 国家质量技术监督局2004年2月1日发布，2004年5月1日实施，GB/T 17980.119—2004

况可视试验目的而定。

3.2 小区安排

3.2.1 小区排列。

试验药剂、对照药剂和空白对照的小区处理采用随机排列。特殊情况应加以说明。

3.2.2 小区的面积和重复。

小区面积：15~50m^2，棚室不少于8m^2。重复次数不少于4次重复。

3.3 施药方式

3.3.1 使用方式。

按协议要求及标签说明进行，施药应与当地科学的农业实践相适应。

3.3.2 使用器械的类型。

选用生产中常用器械，记录所用器械的类型和操作条件（如工作压力、喷孔口径）的全部资料。施药应保证药量准确，分布均匀，用药量偏差超过10％的要记录。

3.3.3 施药的时间和次数。

按协议要求及标签说明进行。通常是在发病初期或草莓植株叶背上发生暗色污斑及高温高湿交替出现时进行第一次施药，再次施药可依据病害发展情况及药剂的持效期而定。

3.3.4 使用剂量和容量。

按协议要求及标签注明的剂量使用，通常有效成分含量表示为 g/hm^2，用于喷雾时同时记录用药倍数和每公顷的药液用量（L/hm^2）。

3.3.5 防治其他病虫害的药剂资料要求。

如果要使用其他药剂，应选择对试验药剂和试验对象无影响的药剂，并对所有试验小区进行均一处理，而且要与试验药剂和对照药剂分开使用，使这些药剂的干扰控制在最小程度，记录这类药剂施用的准确数据。

4 调查、记录和测量方法

4.1 气象和土壤资料

4.1.1 气象资料。

试验期间应从试验地或最近的气象站获得降雨（降水类型和日降水量，以 mm 表示）和温度（日平均温度、最高和最低温度，以℃表示）的资料。整个试验期间影响试验结果的恶劣气候因素，如严重或长期干旱、暴雨、冰雹等均应记录。

4.1.2　土壤资料。

记录土壤类型、土壤肥力、水分（干、湿或涝）、土壤覆盖物（如作物残茬、塑料薄膜覆盖、杂草）等资料。

4.2　调查方法、时间和次数

4.2.1　调查方法。

每小区对角线五点取样，每点调查3株。每株调查全部叶片。

分级方法：

0级：无病斑；

1级：病斑面积占整个叶面积的5%以下；

3级：病斑面积占整个叶面积的6%~15%；

5级：病斑面积只占整个叶面积的16%~25%；

7级：病斑面积占整个叶面积的26%~50%；

9级：病斑面积占整个叶面积的51%以上。

4.2.2　调查时间和次数。

按协议要求进行。通常施药前调查病情基数，下次施药前和最后一次施药后7~10d调查防治效果。

4.2.3　药效计算方法。

$$病情指数 = \frac{\sum（各级病叶数 \times 相对级数值）}{调查总叶数 \times 9} \times 100 \qquad (1)$$

$$防治效果（\%）=（1 - \frac{空白对照区药前病情指数 \times 处理区药后病情指数}{空白对照区药后病情指数 \times 处理区药前病情指数}）\times 100 \qquad (2)$$

$$或防治效果（施药前无基数）（\%）= \frac{空白对照区病情指数 - 处理区病情指数}{空白对照区病情指数} \times 100 \qquad (3)$$

4.3　对作物的其他影响

观察作物是否有药害产生，如有药害要记录药害的发生症状和程度。此外，还应记录对果树的有益影响（如促进成熟、刺激生长等）。用下列方法记录药害：

4.3.1　如果药害能被测量或计算，要用绝对数值表示。

4.3.2　其他情况下，可按下列两种方法估计药害的程度和频率。

4.3.2.1　按照药害分级方法记录每小区的药害情况，以－，＋，＋＋，＋＋＋，＋＋＋＋表示。药害分级方法：

－：无药害；

＋：轻度药害，不影响作物正常生长；

＋＋：明显药害，可复原，不会造成作物减产，

＋＋＋：高度药害，影响作物正常生长，对作物产量和品质都造成一定损失，一般要求补偿部分经济损失。

＋＋＋＋：药害严重，作物生长受阻，产量和质量损失严重，必须补偿经济损失。

4.3.2.2 每一试验小区与空白对照相比，评价其药害的百分率。同时，应准确描述作物药害症状（矮化、褪绿、畸形），并提供实物照片、录像等。

4.4 对其他生物的影响

4.4.1 对其他病虫害的影响。

对其他病虫害任何有迹象的影响都应记录。

4.4.2 对其他非靶标生物的影响。

记录药剂对试验区内野生生物、有益昆虫的影响。

4.5 产品的产量和质量

要记录每个小区的产量，用 kg/hm² 表示。

5 结果

试验所获得的结果应用生物统计方法进行分析（采用DMRT法），用正规格式写出结论报告，并对试验结果加以分析，原始资料应保存备考察验证。

附加说明：

田间药效试验是农药登记管理工作重要内容之一，是制定农药产品标签的重要技术依据，而标签是安全、合理使用农药的唯一指南。为了规范农药田间试验方法和内容，使试验更趋科学与统一，并与国际准则接轨。使我国的药效试验报告具有国际认同性，特制定我国田间药效试验准则国家标准。该系列标准参考了欧洲及地中海植物保护组织（EPPO）田间药效试验准则及联合国粮农组织（FAO）亚太地区类似的准则，是根据我国实际情况并经过大量田间药效试验验证而制定的。

草莓白粉病是我国草莓作物的重要病害之一，生产上经常需用杀菌剂进行防治。为确定防治草莓白粉病药剂的最佳使用剂量，测试药剂对作物及非靶标有益生物的影响，为杀菌剂登记的药效评价和安全、合理使用技

术提供依据，特制定 GB/T 17980 的本部分。

本部分是农药田间药效试验准则（二）系列标准之一，但本身是一个独立的部分。

本部分由中华人民共和国农业部提出。

本部分起草单位：农业部农药检定所。

本部分主要起草人：吴新平、李钧、刘乃炽、顾宝根、陈立平、肖斌、张小风。

本部分由农业部农药检定所负责解释。

参考文献

白占兵，张战泓，周晓波，等. 2014. 南方番茄青枯病抗性评价 [J]. 中国农学通报（7）：77-81.

曹婷婷，高吉良，陆丹，等. 2016. 草莓灰霉病发病规律及综合防治技术研究进展 [J]. 浙江农业科学（12）：2045-2047.

陈菊红，崔娟，唐佳威，等. 2018. 温度对点蜂缘蝽生长发育和繁殖的影响 [J]. 中国油料作物学报（4）：579-584.

陈烈光，吴珍芳，赵帅锋，等. 2015. 设施栽培草莓炭疽病防效试验及安全性分析 [J]. 浙江农业科学（8）：1255-1256.

陈文龙，何继龙，孙兴全. 1994. 塑料大棚草莓上朱砂叶螨种群聚集与扩散趋势的初报 [J]. 上海农学院学报（2）：150-152.

陈文龙，何继龙. 1994. 应用尼氏纯妥螨防治大棚草莓上朱砂叶螨的研究初报 [J]. 昆虫天敌（2）：86-89.

陈哲，黄静，赵佳等. 2017. 草莓红中柱根腐病的研究进展 [J]. 生物技术通报（3）：37-44.

戴德江，沈瑶，丁佩，等. 2015. 浙江省特色作物农药登记现状与展望 [J]. 浙江农业科学（3）：299-302.

丁跃林，张莉. 2001. 温室蔬菜茶黄螨的发生与防治 [J]. 河北农业科技（2）：19.

董辉，杨雷，史晓红，等. 2017. 草莓白粉病的发生规律与防治措施 [J]. 中国园艺文摘（2）：199-200.

付道猛，徐迪，贾曼，等. 2015. 赣北蝼蛄田间种群发生量动态监测 [J]. 生物灾害科学（1）：19-21.

高翠珠，杨红玲，黄夏宇骐，等. 2017. 湖北省草莓灰霉病发生规律及流行

因子分析 [J]. 中国农业科学（9）：1617-1623.

高阳，李常平，卫王亮，等. 2017. 43％联苯肼酯悬浮剂防治草莓二斑叶螨药效试验 [J]. 中国蔬菜（6）：59-61.

根本久，董文奇. 1994. 用核多角体病毒防治草莓斜纹夜蛾 [J]. 北方果树（1）：48.

关玲，赵密珍，王庆莲，等. 2017. 草莓品种（系）白粉病田间抗性鉴定 [J]. 吉林农业大学学报（5）：15-26.

韩群营，黄明生，董方友，等. 草莓褐斑病的发生与防治 [J]. 湖北植保（4）：27-28.

郝建强，姜晓环，庞博，等. 2001. 释放智利小植绥螨防治设施栽培草莓上二斑叶螨 [J]. 植物保护（4）：196-198.

洪海林，李国庆，沈成艳，等. 2016. 不同栽培方式下草莓灰霉病的发生动态 [J]. 湖北农业科学（13）：3359-3363.

胡德玉，钱春，刘雪峰. 2014. 草莓炭疽病研究进展 [J]. 中国蔬菜（12）：9-14.

胡选祥，赵帅锋，严百元，等. 2017. 嘧菌环胺在草莓上的残留降解行为研究 [J]. 中国农学通报（14）：113-116.

黄兆纳，丁朝玲. 2009. 草莓黄萎病的发生与防治 [J]. 上海农业科技（5）：106.

及尚文，朱红，朱玉山，等. 1995. 短额负蝗发生规律及防治研究 [J]. 山西农业科学（2）：49-52.

贾晓辉，傅俊范，周如军，等. 2005. 草莓褐色轮斑病病原生物学研究及防治药剂的筛选 [J]. 安徽农业科学（10）：1849-1850.

康芝仙，路红，伊伯仁，等. 1996. 大青叶蝉生物学特性的研究 [J]. 吉林农业大学学报（3）：23-30.

李达林，汪恩国，林凌伟，等. 2012. 外来入侵生物烟粉虱的生物学特性及种群数量消长规律研究 [J]. 中国植保导刊（1）：17-21.

李红斌. 2016. 草莓红中柱根腐病识别与综合防治技术 [J]. 浙江农业科学（3）：376-377.

李惠明，等. 2016. 蔬菜病虫害预测预报调查规范 [M]. 上海：上海科学技术出版社. 278-280.

李静，赵帅锋，洪智慧，等. 2014. 设施栽培草莓白粉病防治试验及安全性分析 [J]. 浙江农业科学（1）：78-79.

李静，赵帅锋，孙加焱，等. 2018. 苯甲·嘧菌酯对几种作物炭疽病防效、安全性及品质的影响 [J]. 农学学报（8）：1-4.

李书林，蒋林忠，孙国俊，等. 2007. 棕榈蓟马发生特点及防治技术 [J]. 江苏农业科学（3）：86-87.

李鑫，尹翔宇，马丽，等. 2007. 茶翅蝽的行为与控制利用 [J]. 西北农林科技大学学报（自然科学版）（10）：139-145.

李星月，刘奇志，李贺勤，等. 2014. 大棚草莓棉蚜分布规律及其生态调控意义研究 [J]. 北方园艺（2）：124-127.

李雅珍. 2012. 昆虫性信息素在小地老虎预测预报上的应用 [J]. 上海交通大学学报（农业科学版）（5）：64-66，71.

李卓，曹坳程，李园，等. 2016. 新型生物源农药与化学农药对草莓叶螨的防效对比研究 [J]. 植物保护（2）：237-240，256.

廖建明. 2007. 草莓斜纹夜蛾的发生规律与综合防治技术 [J]. 中国南方果树（3）：85-86.

廖建明. 2007. 草莓青枯病的发生与防治 [J]. 现代农业科技（1）：67.

廖建明. 2007. 草莓上桃蚜的发生规律与防治对策 [J]，中国南方果树（2）：62-63.

廖开志，杨金明，马秀玲，等. 2015. 设施草莓白粉病发生规律及综合防治技术 [J]. 现代农业科技（9）：135-136.

刘家成，夏风，王学良，等. 2004. 安徽省茶翅蝽测报方法 [J]. 安徽农业科学（1）：72-73.

刘庆明. 2018. 浅谈苗圃蝼蛄类地下害虫预测与防治 [J]. 现代化农业（2）：9-10.

刘升基，刘洪涛，柳玉芳，等. 2007. 龙口市土蝗发生规律及防治技术 [J]. 中国植保导刊（11）：29-32.

刘媛媛，魏永路，李肇星，等. 2012. 豆毒蛾幼期形态学及其习性研究 [J]. 长江蔬菜（16）：114-117.

刘紫英，康艳萍，袁斌，等. 2008. 草莓红中柱根腐病病原菌的生物学特性 [J]. 安徽农业大学学报（4）：577-580.

吕鹏飞，楼杰，赵巳栋，等. 2009. 草莓炭疽病发生规律及防治对策 [J]. 上海农业科技（2）：103-104.

吕要斌，张治军，吴青君，等. 2011. 外来入侵害虫西花蓟马防控技术研究与示范 [J]. 应用昆虫学报（3）：488-496.

门兴元，于毅，张安盛，等. 2013. 设施蔬菜棕榈蓟马综合防治技术 [J]. 农业知识（20）：36.

宁志怨，董玲，廖华俊，等. 2016. 安徽省草莓黄萎病病原的鉴定及主栽草莓品种的抗性评价 [J]. 江西农业大学学报（6）：1064-1069.

牛冲，牛昱光，李寒，等. 2017. 基于图像灰度直方图特征的草莓病虫害识别 [J]. 江苏农业科学（4）：169-172.

彭兰凤，刘赵康，陈方景，等. 2004. 浙西南地区保护地草莓白粉病发生规律与防治措施 [J]. 内蒙古农业科技（S2）：25，59.

齐永悦，赵春霞，邵维仙，等. 2017. 廊坊地区大豆点蜂缘蝽的发生与防治技术 [J]. 现代农村科技（9）：34.

全国农业技术推广服务中心. 2010. 主要农作物病虫害测报技术规范 [M]. 北京：中国农业出版社. 1-133.

冉晓敏，金榕榕，易春梅，等. 2018. 立枯丝核菌的防控研究 [J]. 农业灾害研究（5）：4-5，11.

沈颖，王华弟，饶汉宗，等. 2017. 杨梅苗圃小地老虎的监测与防治技术探讨 [J]. 浙江农业科学（9）：1586-1588，1591.

沈颖，王华弟，赵帅锋，等. 2019. 草莓叶螨的发生为害与综合防治技术 [J]. 长江蔬菜（3）：50-53.

石宝才，宫亚军，朱亮，等. 2014. 茶黄螨的识别与防治 [J]. 中国蔬菜（4）：66-67.

司海燕，杜忠芳，朱耿建，等. 2012. 滨湖地区草莓蛇眼病的发生与综合防治技术 [J]. 吉林蔬菜（2）：36.

宋素智，柴全喜. 2014. 草莓芽枯病的防治 [J]. 农村新技术（3）：19.

苏家乐，钱亚明，王壮伟，等. 2004. 不同草莓品种对蛇眼病田间抗性鉴定

[J]. 江苏农业科学（6）：85-86.

孙红霞，李强，张长波，等. 2007. 大棚草莓斜纹夜蛾的空间分布型 [J]. 果树学报（5）：663-668.

孙兴全，陈文龙，陈志兵，等. 1996. 异色瓢虫的人工饲料及防治棚栽草莓蚜虫的初步研究 [J]. 上海农学院学报（2）：133-137.

索宇航，刘敬娜，赵立纯，等. 2017. 广义草莓蚜虫生态系统模型的分析与控制 [J]. 辽宁科技大学学报（5）：396-400.

童英富，杨肖芳，廖益民，等. 2012. 不同土壤消毒剂和杀菌剂防治草莓土传病害的研究 [J]. 浙江农业学报（3）：476-480.

童英富，郑永利，等. 2005. 草莓病虫原色图谱 [M]. 杭州：浙江科学技术出版社. 83-84.

童英富. 2009. 草莓枯萎病发生特点与防治试验 [J]. 中国园艺文摘（5）：34-35.

涂业苟，吴孔明，薛芳森，等. 2008. 不同寄主植物对斜纹夜蛾生长发育、繁殖及飞行的影响 [J]. 棉花学报（2）：105-109.

汪建国，赵帅锋，徐云红，等. 2014. 吡唑醚菌酯防治草莓、苦瓜及黄瓜炭疽病田间试验 [J]. 中国园艺文摘（5）：56-58.

王澄源. 1987. 温室黄瓜茶黄螨的防治 [J]. 农业知识（18）：13-14.

王道泽，洪文英，吴燕君，等. 2012. 杭州地区地下害虫成虫发生规律及其预测模型研究 [J]. 浙江农业学报（6）：1050-1057.

王丰，马跃，高秀岩，等. 2008. 草莓品种对炭疽病抗性的鉴定技术研究 [J]. 果树学报（4）：542-547.

王国君，陈利军，宁万光. 2016. 几种杀菌剂对草莓炭疽病的田间防治效果 [J]. 中国农技推广（11）：56-57.

王华弟，沈颖，赵帅锋. 2017. 草莓灰霉病发病流行规律与综合防治技术研究 [J]. 浙江农业科学（12）：2239-2241.

王华弟. 2005. 粮食作物病虫害测报与防治 [M]. 北京：中国科学技术出版社. 110-156.

王磊，武社梅，王瑞芳，等. 2014. 保护地草莓蛇眼病的发生与防治 [J]. 现代农业科技（22）：125-125.

王磊，武社梅. 2015. 中牟县保护地草莓蛇眼病的发生情况及防治措施 [J]. 中国农技推广（2）：54，49.

王凌宇，廖晓兰，张亚. 2015. 草莓灰霉病的防治研究进展 [J]. 湖南农业科学（6）：142-144.

王娜，孙红霞，李利华，等. 2007. 草莓苗圃主要昆虫种群动态监测 [J]. 浙江农业学报（5）：346-351.

王宁，张锴，熟建明，等. 2014. 土壤消毒技术在国外草莓栽培中的应用综述 [J]. 现代农业科技（12）：143-144；146.

王瑞明，徐文华，金中时，等. 2006. 江苏沿海地区 B 型烟粉虱的寄主分布与扩散特征 [J]. 安徽农业科学（19）：4970-4973.

王文娟，贺达汉. 2006. 三种主要天敌对二斑叶螨的控制作用研究 [J]. 农业科学研究（1）：16-19.

王玉民，陈奇强，朱红梅，等. 2014. 草莓红中柱根腐病原致病性及杀菌剂毒力测定 [J]. 安徽科技学院学报（6）：15-18.

王泽华，石宝才，宫亚军，等. 2013. 棕榈蓟马的识别与防治 [J]. 中国蔬菜（13）：28-29.

王子崇，杨红丽. 2005. 日光温室蔬菜茶黄螨的无公害防治技术 [J]. 河南农业科学（10）：112-113.

王宗典. 1986. 肾毒蛾为害荻的初步研究 [J]. 植物保护（4）：37-38.

吴金平，郑芳圆. 2011. 草莓褐色轮斑病病原鉴定及室内药效研究 [J]. 植物保护（6）：172-176.

吴青君，张友军，徐宝云，等. 2005. 入侵害虫西花蓟马的生物学、为害及防治技术 [J]. 昆虫知识（1）：11-14.

吴声敢，苍涛，柴伟纲，等. 2016. 草莓蚜虫防治药剂筛选试验 [J]. 浙江农业科学（12）：2048-2050.

吴圣勇，徐丽荣，李宁，等. 2016. 天敌昆虫在诱集植物上的多样性及对温室蚜虫的防治作用 [J]. 中国农业科学（15）.

吴祥，吉沐祥，陈宏州，等. 2013. 句容地区草莓炭疽病病原菌的鉴定及防治药剂筛选 [J]. 江苏农业学报（6）：1510-1513.

肖婷，刘宝生，郭建，等. 2011. 不同颜色诱虫板对草莓花蓟马的诱集作用

[J]. 江苏农业科学（1）：159-160.

肖长坤，高苇，夏冰，等. 2012. 设施栽培草莓灰霉病发生规律及其综合防治 [J]. 中国植保导刊（9）：24-26.

谢学文，肖长坤，郑书恒，等. 2012. 草莓灰霉病新症状的诊断与防治技术 [J]. 中国蔬菜（17）：25-26.

徐佩娟，何铁海，曾立红，等. 2012. "红颊"草莓使用土壤杀菌剂克服连作障碍防治技术研究 [J]. 农业科技通讯（1）：61-63.

许建柏. 2017. 小地老虎的发生特征与防治措施 [J]. 种子科技（5）：95-96.

薛希红，史兴峰，曹汉西，等. 2006. 草莓青枯病的发生规律和防治措施 [J]. 河北果树（5）：55-56.

杨辅安等. 1996. 短额负蝗生物学特性的研究 [J]. 昆虫知识（5）：278.

杨肖芳，童英富，苗立祥，等. 2016. 几种不同药剂对草莓灰霉病防治效果比较分析 [J]. 浙江农业科学（3）：367-369.

姚红燕，邱宏良，陈若霞，等. 2010. 几种药剂对草莓炭疽病的效果 [J]. 植物保护（6）：162-164.

伊海静，陈艳，刘正坪，等. 2016. 草莓枯萎病菌的分离鉴定及防治药剂筛选 [J]. 西北农业学报（4）：626-635.

尹大芳. 2015. 浙江省草莓灰霉病抗药性检测及抗性机制的研究 [D]. 杭州：浙江大学.

尹同萍，孙美芝. 2010. 草莓蛇眼病的田间诊断及防治方法 [J]. 农业知识（8）：16-17.

于红梅，赵密珍，王静，等. 2013. 草莓枯萎病菌的分离、鉴定及生物学特性 [J]. 江苏农业科学（11）：124-126，127.

俞庚戍，丁峙峰，张成义，等. 2009. "红颊"草莓苗期炭疽病药剂防治研究 [J]. 中国南方果树（4）：83-85.

张安盛，庄乾营，周仙红，等. 2013. 日光温室防治棕榈蓟马药剂筛选 [J]. 植物保护（6）：180-183.

张纯胄，吴永汉，董国坤，等. 2005. 浙南地区 B 型烟粉虱发生新态势及生物学特性研究 [J]. 中国植保导刊（9）：22-23.

张俊奇. 2012. 草莓根腐病和炭疽病的症状及防治措施 [J]. 安徽农学通报

（10）：94-95.

张颂函，陈秀，赵莉，等. 2015. 6种杀菌剂防治草莓灰霉病的田间药效评价 [J]. 世界农药（5）：47-49.

张文强，李元涛. 2017. 京郊大豆点蜂缘蝽虫害防治方法 [J]. 吉林农业（9）：80.

张雪，张志宏，刘月学，等. 2010. 木霉菌剂提高'红颜'草莓炭疽病抗性的效应 [J]. 西北农业学报（8）：153-156.

张志恒. 2011. 草莓安全生产技术指南 [M]. 北京：中国农业出版社. 145-146.

张左生等. 1995. 粮油作物病虫鼠害预测预报 [M]. 上海：上海科学技术出版社. 103-108.

赵丽，吴燕君，张丹. 2016. 杭州市草莓主要病虫害发生特点及防治对策 [J]. 浙江农业科学（12）：2043-2045.

赵伶. 2003. 温室草莓芽枯病的发生与防治 [J]. 河北农业科技（1）：20.

赵玲琳，王翔，金久宏，等. 2017. 萧山区金龟子灯下诱虫规律及其在测报上的应用 [J]. 生物灾害科学（2）：118-121.

赵帅锋，柯汉云，胡选祥，等. 2018. 草莓病虫害绿色防控集成技术研究进展 [J]. 浙江农业科学（增刊2）：99-102.

钟灼仔. 2012. 福建小拱棚草莓斜纹夜蛾的发生与防治 [J]. 农业工程技术（6）：58-59.

朱彬年，彭炳光，黄华林，等. 1988. 棕榈蓟马生物学特性及防治研究简报 [J]. 广西农业科学（2）：44-46.

T.Lin, X.F.Xu,C.Q.Zhang,et al. Differentiation in development of benzimidazole resistance in Colletotrichum gloeosporioides complex populations from strawberry and grape hosts[J]. Australsian Plant Pathol.,2016(45):241-249.

Si F., Zou R., Jiao S., et al. Inner filter effect-based homogeneous immunoassay for rapid detection of imidacloprid residue in environmental and food samples[J]. Ecotoxicology and Environmental Safety, 2018(148): 862-868.

Zhang C Q, Yuan S K, Sun H Y, et al. Sensitivity of Botrytis cinerea to boscalid [J]. Plant pathology, 2007(56): 646-653.

Wu J Y, Hu X R, Zhang C Q, et al. Molecular detection of QoI-resistance in Colletotrichum gloeosporioides causing strawberry anthracnose based on loop-mediated isothermal amplification assay[J]. Plant Disease, 2019(103): 1319-1325.

Zhang C Q, Zhu J W, Wei F L, et al. Sensitivity of Botrytis cinerea from Greenhouse Vegetables to DMIs and Fenhexamid[J]. Phytoparasitica, 35(3): 300-313.

Lin T, Xu X F, Dai D J, et al. Differentiation in Development of Benzimidazole Resistance in Colletotrichum gloeosporioides Complex Populations from Strawberry and Grape Hosts[J]. Australasian Plant Pathology, 2016(45):241-249.

Xu X F, Lin T, Dai D J, et al. Characterization of baseline sensitivity and resistance risk of Colletotrichum gloeosporioides complex isolates from strawberry and grape to two demethylation-inhibitor fungicides, prochloraz and tebuconazole[J]. Australasian Plant Pathology, 2014(43): 605-613.

Shi H J, Wu H M, Zhang C Q, et al. Monitoring and characterization of resistance development of strawberry Phomopsis leaf blight to fungicides[J]. European Journal of Plant Pathology, 2013(135): 655-660.

Hu X R, Dai D J, Wang H D, et al. Rapid on-site evaluation of the development of resistance to quinone outside inhibitors in Botrytis cinerea[J]. Scientific Reports, 2017(7): 13861.

Zhang C Q, Zhang Y, Zhu G N. The mixture of kresoxim-methyl and boscalid, an excellent alternative controlling grey mould caused by Botrytis cinerea[J]. Annals of Applied Biology, 2008(153): 205-213.

Si F F, Guo Y R, Zhu G N. Inner filter effect-based homogeneous immunoassay for rapid detection of imidacloprid residue in environmental and food samples[J]. Ecotoxicology and Environmental Safety, 2018(148): 862-868.